工业产品手绘
与设计思维实战训练

马赛 — 编著

U0377226

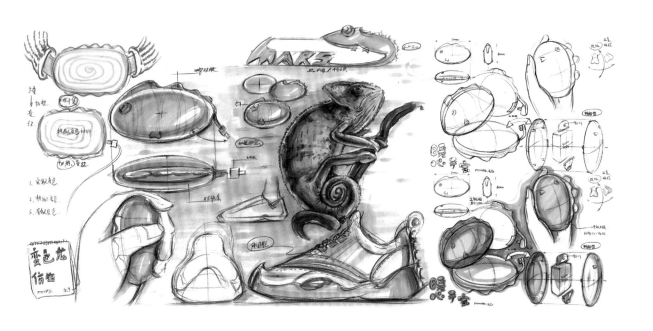

人民邮电出版社

北京

图书在版编目（CIP）数据

工业产品手绘与设计思维实战训练 / 马赛编著. --
北京 ：人民邮电出版社，2023.1（2024.3重印）
　ISBN 978-7-115-59289-7

　Ⅰ．①工… Ⅱ．①马… Ⅲ．①工业产品－产品设计
Ⅳ．①TB472

　中国版本图书馆CIP数据核字(2022)第081187号

内 容 提 要

　　这是一本讲解工业产品手绘与设计思维的专业教程。全书共 10 章：第 1 章讲解工业产品设计手绘的定义，第 2 章讲解工业产品设计手绘的工具及其使用方法，第 3、4 章分别介绍工业产品设计手绘的逻辑思维和设计思维，第 5 章讲解工业产品设计手绘的表达形式，第 6 章讲解工业产品设计手绘效果图的绘制方法，第 7 章讲解考研快题的版面布局与绘制方法，第 8 章讲解仿生学在工业产品设计手绘中的应用，第 9 章介绍作者及其他设计师的设计实战项目，第 10 章是工业产品设计手绘案例赏析。

　　本书适合工业设计师和产品设计师阅读，也可作为工业设计和产品设计专业学生的参考书。

◆ 编　著　马　赛
　　责任编辑　王振华
　　责任印制　马振武

◆ 人民邮电出版社出版发行　　北京市丰台区成寿寺路 11 号
　　邮编　100164　电子邮件　315@ptpress.com.cn
　　网址　http://www.ptpress.com.cn
　　北京九天鸿程印刷有限责任公司印刷

◆ 开本：787×1092　1/16
　　印张：16.5　　　　　　2023 年 1 月第 1 版
　　字数：514 千字　　　　2024 年 3 月北京第 2 次印刷

定价：139.80 元

读者服务热线：(010)81055410　印装质量热线：(010)81055316
反盗版热线：(010)81055315
广告经营许可证：京东市监广登字 20170147 号

真正认识马赛老师，缘于微信朋友圈中关于一幅设计草图的讨论。讨论的内容大概是关于设计手绘的真正意义，虽然没有最终结论，却认识了马赛这位设计手绘同好。

我从开始学习设计，接触手绘草图，到管理设计公司进行项目实践，设计手绘一直是我感兴趣并坚持下来的表达方式。即便是在各种设计软硬件都有助于不断提升工作效率的今天，手绘依然是我个人最喜欢且最高效的设计表达方式。无论走到哪里，我都希望有一块白板，有一本笔记本，有一块电子屏，甚至是一张餐巾纸，这样我就能通过手绘去表达一个灵光乍现的想法。因为这是设计师的"天赋"，也是设计师的乐趣。每当看到设计师在台上侃侃而谈时，我都会想起1995年第一次听德国的设计先锋路易吉·克拉尼（Luigi Colani）讲座的场景。克拉尼一边讲，一边拿着马克笔在画板上画着草图，演讲激情、流畅，草图自然形象，完全不同于其他学科的讲座。我被克拉尼震撼到了，觉得那才是设计师最好的状态。设计手绘不应该只是宣传片里的摆拍，或是案例分析时的装饰，而应该融入设计师的日常生活和工作。

在我看来，设计手绘与音乐、舞蹈、诗歌、书法等艺术形式有很多共通性，这些艺术形式都是映射世界的表达方式，只是表达的侧重点和受众有所差异而已。一位民谣乐手，通过一小段现场吉他演奏和吟唱，可以表达一种情绪或一个故事。作为听众，我们能快速且直接地接收到信息并产生共情。而设计师，则可以通过设计手绘快速记录或表达设计想法，并与受众（如团队成员或委托方等）进行沟通。

对于设计手绘，可以分为不同的阶段去理解。初期的设计手绘，旨在清晰勾画我们的设计方案，表现产品的透视关系、材质、阴影，所谓"看山是山"。当设计师接触了更多的实战项目后，其设计手绘则需要考虑更多的商业推动元素，如设计背景、品牌故事、定位等，设计师需要通过更复杂的手绘表现方式让设计手绘图变得更有感染力，以延展设计的影响力，所谓"看山不是山"。再到最后，设计师可以完全不拘泥于手绘的方法、介质、场合，而只专注于设计本身。因为设计手绘最终只是一种表达方式，真正"说话"的还是流淌在笔尖的设计思维，也就是所谓的"看山还是山"。这些是我阅读过马赛老师的书稿后的心得与所产生的共鸣。

以上3个阶段的设计手绘并没有高低之分，全取决于设计师所表达的目的。就好像有的歌是唱给别人听的，有的歌是唱给自己听的；有的画是画给别人看的，有的画是画给自己看的。

欣作此序，与马赛老师共勉，也与广大的设计手绘学习者共勉。

齐思工业设计咨询（上海）有限公司亚太区总裁　罗鞍

前　言

几年前，我受人民邮电出版社的编辑邀请，编写了人生中的第一本书——《工业产品手绘与创新设计表达：从草图构思到产品的实现》，书中讲解了工业设计手绘的基础技能和设计手绘案例的全流程。几年过去了，我以书会友，结识了很多的设计同行，书也被几十所高校选定为教材。经过近几年的沉淀，我将设计实战项目与设计教学活动相结合，手绘技法和设计能力也日臻成熟。我在本书中将手绘基础和设计思维结合起来，并在设计案例中融入了设计思维，希望可以启发读者通过手绘的形式学习设计。

本书共 10 章，前 7 章分别从工业产品设计手绘的定义，学习手绘所需的工具及其使用方法，工业产品设计手绘的逻辑思维方法、设计思维方法，到工业产品设计手绘的表达形式、效果图和考研快题的绘制，全面讲解了手绘的系统性学习方法。本书的特色内容是第 8 章和第 9 章：第 8 章讲解了仿生学在工业产品设计手绘中的应用，引导初学者将日常见到的生物以手绘的形式记录下来，进而转变为设计构思草图；第 9 章，我和我邀请的几位设计师分享了一些设计实战项目的全流程，以帮助学习者了解设计师在实战项目过程中所采用的设计方法和设计思维。第 10 章是对设计手绘练习的扩展和延伸，展示了一些手绘线稿图和马克笔上色效果图，可为初学者的拓展学习提供参考。

有些知识不是教出来的，而是环境熏陶出来的，设计手绘也是如此。学习手绘不能仅限于技能表达，学习者发自内心的热爱才是获得进步的原动力，学习环境和学习氛围更多的时候需要自己营造出来。希望本书能为初学者踏入工业设计行业开启一盏启航灯。

资源与支持

本书由"数艺设"出品，"数艺设"社区平台（www.shuyishe.com）为您提供后续服务。

配套资源

重要知识点的讲解视频和手绘案例绘制演示视频（在线观看）。

扫码关注微信公众号

提示：
微信扫描二维码，点击页面下方的"兑"→"在线视频"，输入51页左下角的5位数字，即可观看视频。

"数艺设"社区平台，为艺术设计从业者提供专业的教育产品。

与我们联系

我们的联系邮箱是 szys@ptpress.com.cn。如果您对本书有任何疑问或建议，请您发邮件给我们，并请在邮件标题中注明本书书名及ISBN，以便我们更高效地做出反馈。

如果您有兴趣出版图书、录制教学课程，或者参与技术审校等工作，可以发邮件给我们。如果学校、培训机构或企业想批量购买本书或"数艺设"出版的其他图书，也可以发邮件联系我们。

关于"数艺设"

人民邮电出版社有限公司旗下品牌"数艺设"，专注于专业艺术设计类图书出版，为艺术设计从业者提供专业的图书、视频电子书、课程等教育产品。出版领域涉及平面、三维、影视、摄影与后期等数字艺术门类，字体设计、品牌设计、色彩设计等设计理论与应用门类，UI设计、电商设计、新媒体设计、游戏设计、交互设计、原型设计等互联网设计门类，环艺设计手绘、插画设计手绘、工业设计手绘等设计手绘门类。更多服务请访问"数艺设"社区平台www.shuyishe.com。我们将提供及时、准确、专业的学习服务。

目 录

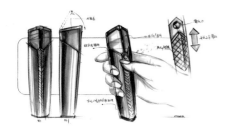

第3章

工业产品设计手绘的逻辑思维

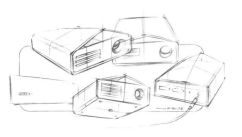

第4章

工业产品设计手绘的设计思维

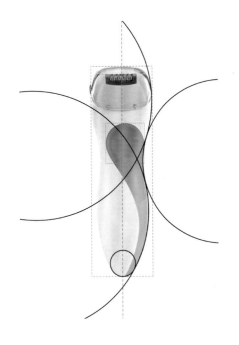

第5章

工业产品设计手绘的表达形式

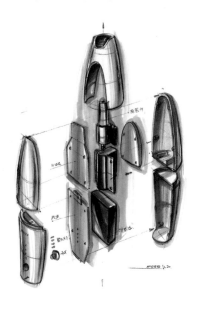

第6章

工业产品设计手绘效果图绘制实例

第7章

考研快题的版面布局与绘制

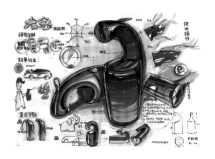

第8章

仿生学在工业产品设计手绘中的应用

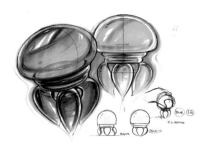

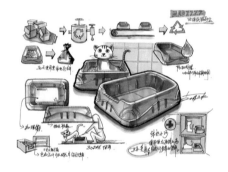
后 记

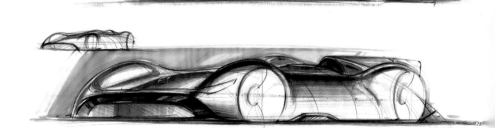

01

第1章 工业产品设计手绘
的重新定义

设计爱好者最初接触手绘时，常会临摹已有的手绘稿或对照着产品实物进行写生，但手绘稿往往带有主观意识或者夸张的成分，与实际产品存在一定的偏差。如果学习者对照着实物写生，又容易陷入只刻画细节而不顾整体效果的误区。本章主要结合笔者多年的设计教学与设计项目经验，针对手绘学习过程中的各种误区和认识进行解析。

1.1 重新定义工业产品设计手绘

1.1.1 工业产品设计手绘学习要领及示范

学习手绘要有系统的学习方法，这一点毋庸置疑。笔者曾在《工业产品手绘与创新设计表达：从草图构思到产品的实现》一书中将手绘学习分为临、写、默、创4个阶段。

其中，"临"和"写"这两个阶段是初学者刚接触手绘时的必经之路，临摹或写生他人优秀的范画或作品，可以提高手绘能力、审美能力、观察能力和造型能力。但是很多初学者在临摹和写生时，往往会进入一个误区，误以为临摹更多的范画或写生更多的实物产品就可以将手绘学好。其实不然，临摹只能帮助你画出更流畅的线条，但并不一定能让你通过手绘设计出有创意的产品。

下面结合实例讲解工业产品设计手绘的学习要领。

1.工业产品设计手绘测试分析

笔者在授课时一般都会准备一个产品实物做课前测试，要求学习者在规定的时间内画一张A3大小的手绘图。通过观察实物，学习者能够直观感受到产品的体量大小、面的起伏状态，以及受光源影响的状态等。

以右侧所示的吹风机为例，还原一下课前测试的情况。

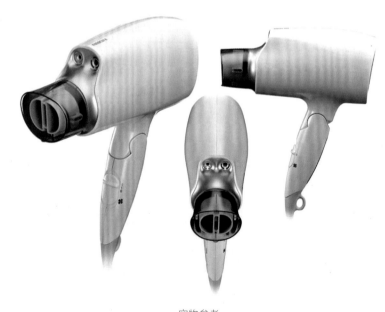

实物参考

❖ **测试情况一**

测试：下面是一名没有学习过美术的跨专业学生用45分钟画出来的吹风机手绘图，他在绘画过程中用橡皮修改外轮廓，画出的线条断断续续的，不够流畅。

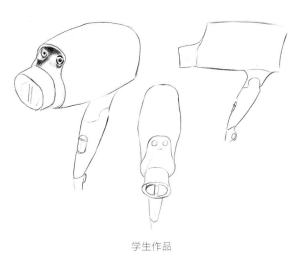

学生作品

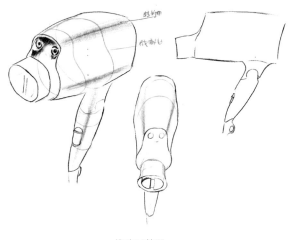

修改： 在学生的作品上进行修改，用蓝色铅笔概括表现出转折面，用红色铅笔标记出截面线的走向，将产品的立体感塑造出来。

修改后的图

点评： 这名学生陷入了"抄"形的误区，没有表现出产品截面线与外轮廓的关系，整幅图没有立体感，大形还没有画准确就开始对局部细节进行刻画。

❖ 测试情况二

测试： 下面是一名大三的产品设计专业学生绘制的手绘作品，与上面零基础的学生相比，他用了35分钟，作品完成度较好，产品的形态比例没有出现大的差错。

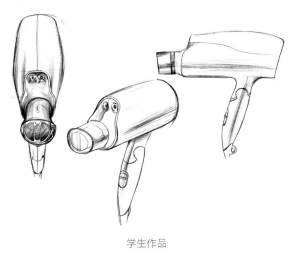

学生作品

修改： 用红色铅笔标注截面线，表达产品的起伏关系；用蓝色铅笔绘制出背景和产品细节丰富画面，使整个画面的疏密关系更协调。

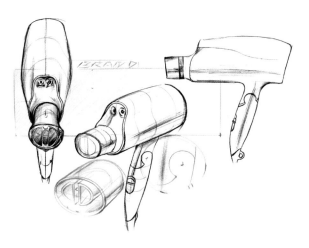

修改后的图

点评： 各个产品图太过孤立，没有联系，画面显得比较单调；缺少产品的截面线标注，画面的立体感不强。

2.透过产品表面分析形体结构

为了让学习者更加直观地了
解这个产品，笔者用Photoshop软
件调整了产品图片的不透明度，并
画线标记出其中重要的线条：用红
色粗线表示产品轮廓线，用蓝色线
表示产品截面线，用黑色线表示产
品分型线。通过右图可以发现这个
吹风机摆放角度不同，轮廓线也不
同，不同的截面线则直接影响了面
的起伏状态。

右侧的吹风机的实物线框图以
黑色分型线将产品大致划分为4个
部分。

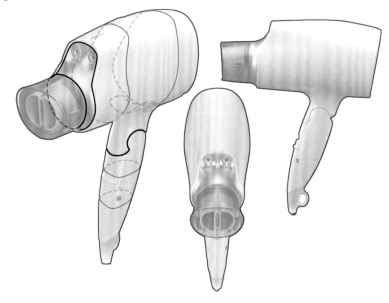

吹风机实物线框图

右侧是吹风机的基本形手绘
图，吹风机的基本形由3个圆柱体
与一个长方体组合而成。

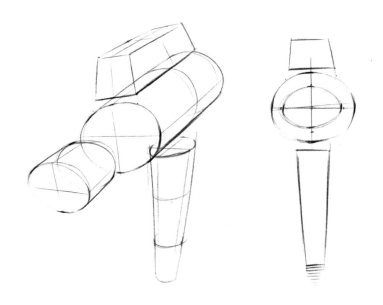

吹风机基本形手绘图

3.吹风机绘制步骤

通过对吹风机实物线框图和基本形手绘图的观察和分析，对这款吹风机的形态有了深入的理解，下面示范吹
风机的绘制步骤。

01 因为产品较为复杂，所以从最简单的吹风口部件开始绘制，绘制出一个有透视效果的圆柱体作为参照。

02 以吹风口基本形体为参照，用铅笔按照透视原理向后画出延伸线条，表现机身主体。

03 在机身主体上绘制椭圆形截面线，并观察实物的曲面起伏状态，修正截面线的形状。

04 观察实物，按照产品的形体比例，画圆柱体表示手柄，再绘制出手柄的截面线，得到手柄的基本形态。

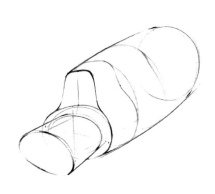

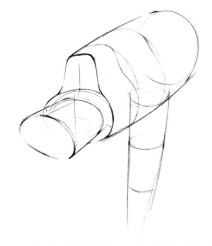

05 因为手柄的形态接近长方体倒圆角后的造型，所以按透视线修改圆柱体的椭圆形截面线，即可得到手柄的最终形态。

06 假设光源在产品的左上角，用铅笔的侧锋在产品的背光面绘制出转折面的光影变化，增强立体感。

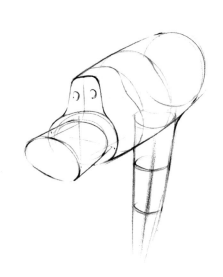

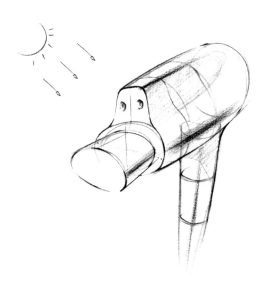

1.1.2 运用逆向思维绘制工业产品设计手绘图

参照实物图并结合前面所画的吹风机实物线框图和基本形手绘图，逆向绘制出吹风机的手绘效果图并进行排版。

在绘制手绘效果图的过程中，需要去了解这款吹风机的设计师是如何设计该产品的。假设设计师是通过仿生的设计方法，提取某种生物的形态、细节、结构、肌理、颜色等而设计出外观造型的。这个过程会激发学习者的学习兴趣。

在组织排版的过程中，可以发挥自己的主观思维，发散出不同的草图方案，并排列在画面中；绘制人手持吹风机的使用场景和开关的标注说明等细节，然后用马克笔进行上色，逐渐丰富整个画面。

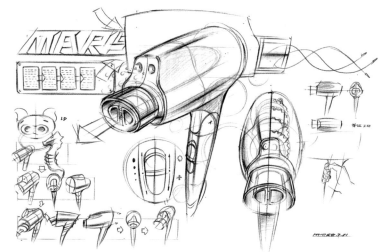

吹风机创意发散线稿排版图

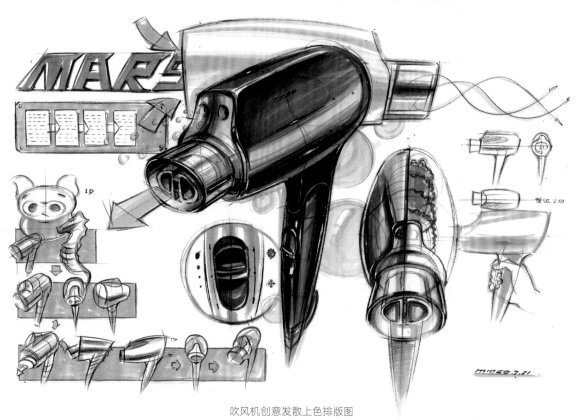

吹风机创意发散上色排版图

工业产品设计手绘的倒三角形方法论及其应用

1.2.1　工业产品设计手绘的倒三角形方法论

　　产品在从无到有的开发过程中，每个环节都是紧密相扣的，下面以手绘环节为主，详细介绍规范的草图绘制流程。

　　工业产品设计手绘图可大致分为构思性草图（概念性草图）、理解性草图、结构性草图、最终效果图（提案草图），每种图的绘制时间、内容、要求、方式并不相同。产品的设计过程可用右侧所示的倒三角形来呈现，从最初众多的构思性草图，经过一层层的筛选和修改，逐渐得出一个最佳的设计方案。

产品设计过程示意

1.2.2　倒三角形方法论在实际设计项目中的应用

　　下面通过笔者设计的一款手持纳米喷雾美容仪来详细讲解手绘在实际设计中的具体表现。这个项目客户的设计需求是在现有产品的结构基础上，设计全新风格的外观，将成本降到最低。在设计过程中需要对现有产品进行拆解，并与客户充分沟通，之后再进行草图的绘制。以下为设计手绘的4个部分。

1.构思性草图

了解了现有产品的结构后，不要急于画草图。因为在设计师构思的时候，往往会没有目的地进行发散，所想的形态都是抽象的，所以要先找意向参考图，找出符合设计师构想的造型雏形。

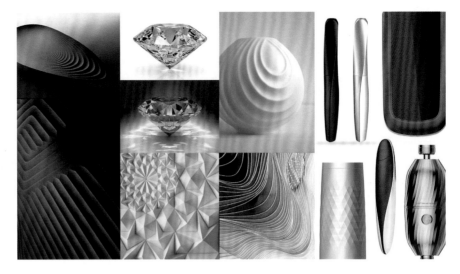

产品意向参考图

在绘制构思性草图时，要在客户给的产品尺寸等限定条件下，将所搜集到的意向造型与细节特征融入产品基本形中。

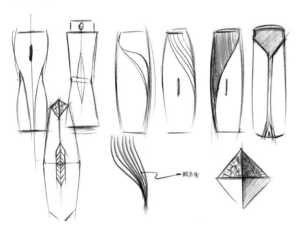

构思性草图

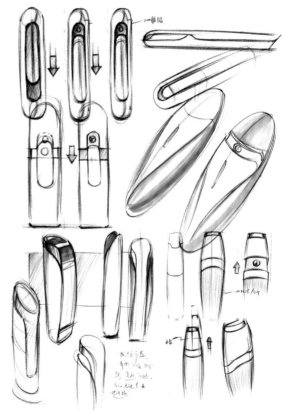

2.理解性草图

绘制理解性草图，需要结合产品的外观结构和功能特征将选定的构思性草图方案优化成让人能够理解的表现方案。当然，也可以借鉴一些市面上的同类型产品，再加以改造，过程中可能会激发出更多的设计灵感。

理解性草图

3.结构性草图

在绘制结构性草图时，需要将前面的草图方案与结构工程师沟通，这个阶段需要思考产品的结构和部件的装配方式。下面是与结构工程师沟通后筛选出的4个可以继续深化的方案。

方案1　　　　　　　　　　　　　　　　　　　　方案2

方案3　　　　　　　　　　　　　　　　　　　　方案4

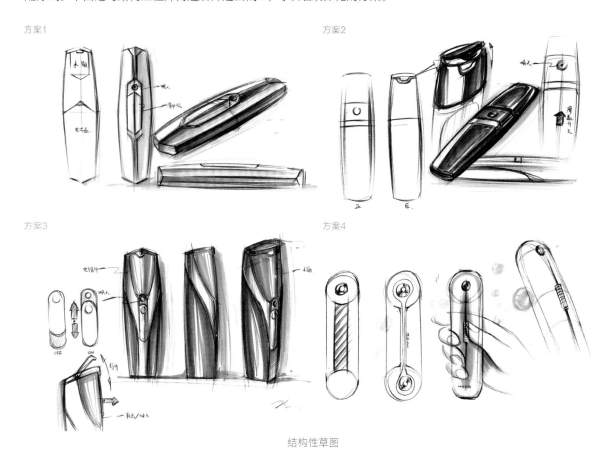

结构性草图

4.最终效果图

在与客户和设计团队一同探讨诸多因素后，选中了第三个方案进行继续优化。这个方案的优点是采用了流线型曲面，更适合人抓握，在当时市面上是还没有出现过的形态。但这个方案也有缺点，那就是配件较多，装配方式较为复杂。因此，需要在方案优化过程中，考虑装配的拔模斜度和开关按键的位置等。

在进行细节推敲时，针对不同的工艺，在原先的造型特征上调整细节，也可以发散出其他的衍生方案。

细节推敲

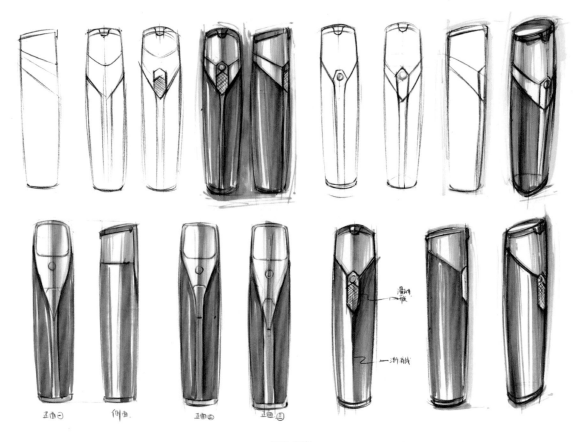

衍生方案

最终效果图需要呈现出材质质感、配色、结构打开方式、文字说明和手持示意图，以便客户看懂设计方案。

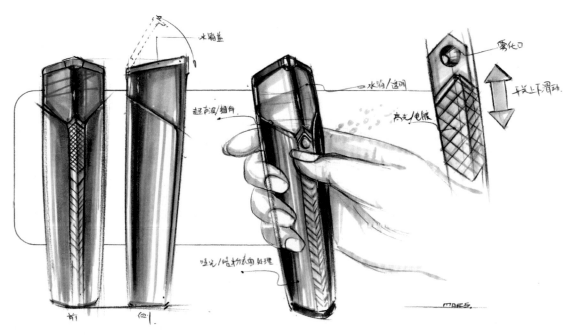

最终效果图

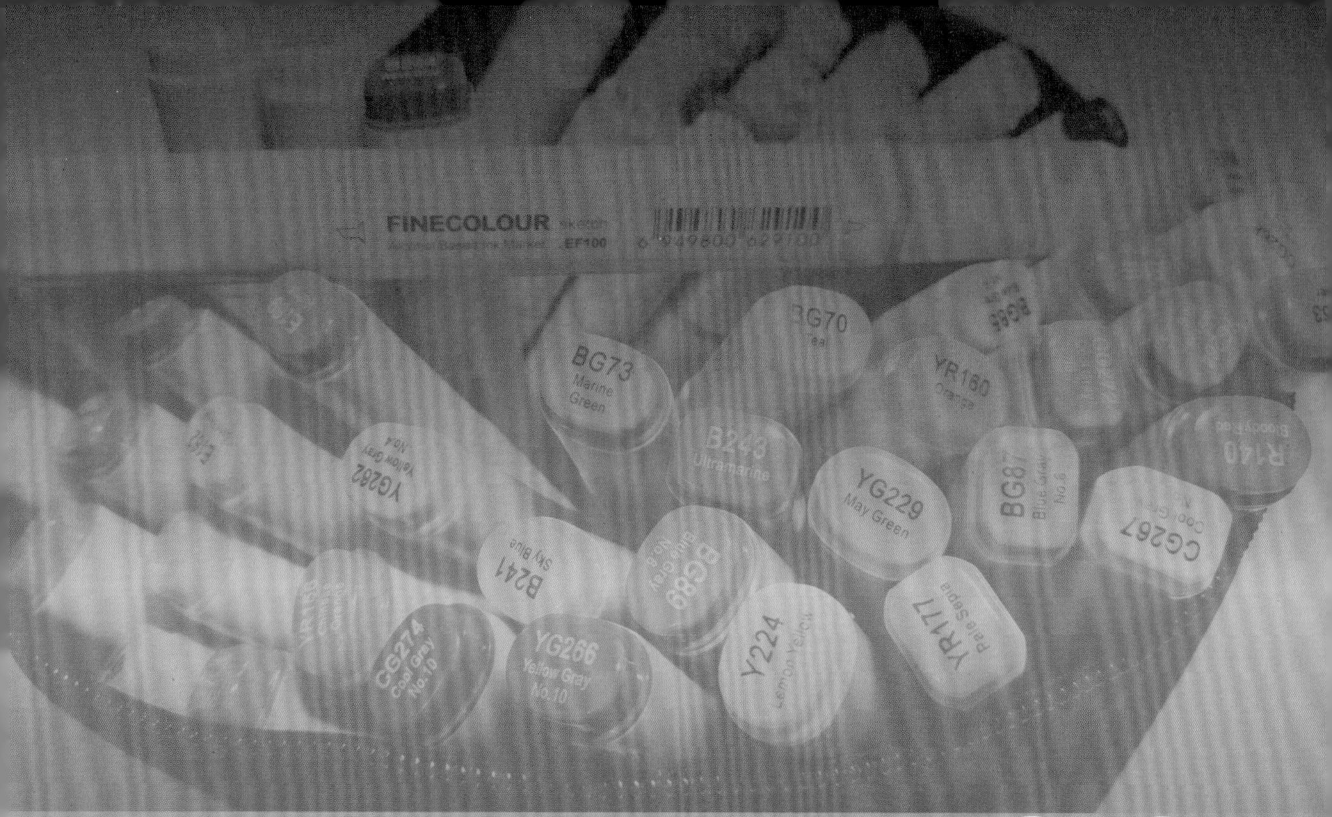

02

第2章 工业产品设计手绘
工具与应用

设计师与人的沟通方式有很多种，其中最主要的一种方式是手绘。可以将用于表达手绘的工具理解为"语种"，而熟练掌握几种常用的绘图工具对设计师而言是很有必要的。

2.1 养成正确的绘图习惯

2.1.1 正确的握笔姿势

1.垫纸的厚度

画纸下面垫3~4张纸最为合适。在不垫纸的情况下，铅笔与桌面接触，笔尖容易断；在垫纸太厚的情况下，画纸对笔尖的支撑力较弱，运笔会不流畅。

2.握笔的角度

用小拇指支撑在纸面上，并与纸面形成倾斜的锐角，这样手不容易遮挡画面，运笔时也更有方向感；绘图时手呈悬空状态，没有支撑，会失去方向感；如果整个手掌与纸面贴合，手掌会反复摩擦画好的手绘图而造成画面脏乱，不够整洁。

3.铅笔的用法

由于铅笔与纸面一直保持着倾斜角度，笔尖的一侧容易磨平，需要画两三笔后，就把笔杆转个角度，这样就能保证所画出的线条是粗细一致的。

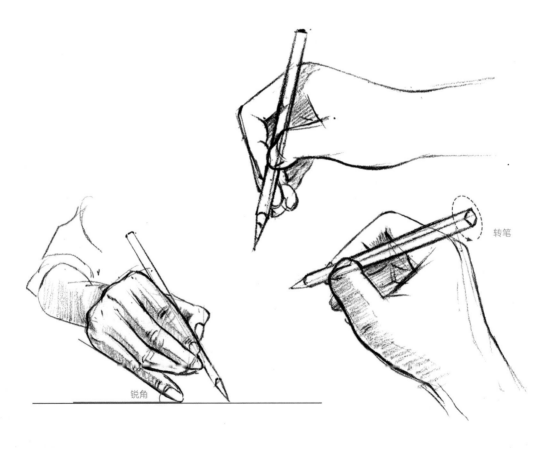

转笔

锐角

正确的握笔姿势示意

2.1.2　找准舒适的绘图区域

将纸摆放平整，以桌子边缘作参照，与桌边平行即可。绝大多数人是右手持笔，绘图时最舒适的区域应该在画纸中间靠右的红色区域，无论画什么样的内容，只需要挪动纸张，保证绘图区域在最舒适的地方即可。以上这些因人而异，只要找到最适合自己的绘图区域，提高绘图准确率就行。

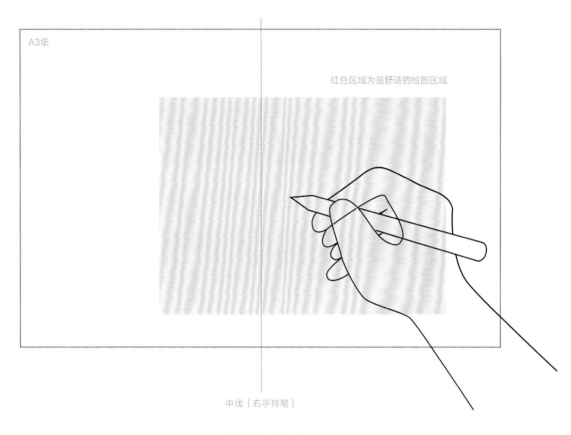

舒适的绘图区域示意

2.2　线稿绘制工具

初学者在学习手绘时常会使用2B铅笔作图，而有绘画基础的同学为了表达明暗对比则会选用炭笔。其实在进行创意表现时，只要能快速表达出设计想法，用任何工具均可。但从手绘图的表现力上来看，每种笔的表现效果是不同的。下面列举了常用的3种线稿绘制工具，并利用它们绘制同一个自行车头盔产品来做对比，以便每位手绘学习者都能找到适合自己的绘图工具。

1.普通2B铅笔

普通2B铅笔的笔芯原材料为石墨，小时候经常使用铅笔，现在进行设计创作也同样需要它。

优点：书写流畅，排线细腻，容易涂抹均匀，用橡皮容易修改，且有金属光泽质感，笔尖不易折断。

缺点：明暗层次不够丰富，需要用其他型号的铅笔来补充。

2.签字笔

签字笔是日常使用的书写工具。

优点：颜色重，书写绘制流畅，刻画出的细节丰富。

缺点：容错率较低，要求绘画者熟练控制笔触。

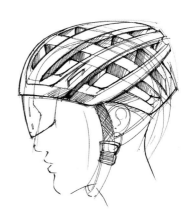

3.辉柏嘉黑色彩铅

辉柏嘉黑色彩铅是笔者最常用的工业产品设计手绘表达工具，主要有399号油性黑色彩铅和499号水性黑色彩铅两种。

399号黑色彩铅：笔的硬度适中，容易上色，不易溶于水，书写流畅，表现层次丰富，且与马克笔配合使用效果较好。

499号黑色彩铅：笔芯较软，易溶于水，适合刻画肌理和质感。

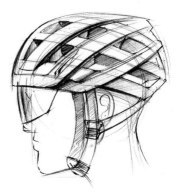

❖　本书中的大多数线稿范画使用的是辉柏嘉399号或499号黑色彩铅，建议初学者练习时使用399号黑色彩铅。

2.3 常用的马克笔及其使用方法

2.3.1 常用的马克笔

马克笔作为快速表达的最常用工具之一，在表现方面具有着色便捷，笔触明显，色彩亮丽等特点。马克笔两端分别为宽头和细头。目前常用的马克笔品牌有以下四种。

1.日本COPIC

这款马克笔是含酒精的，干得快，色泽清晰，混色效果好，价格贵。

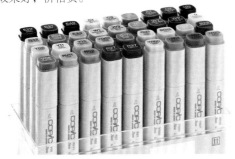

2.韩国TOUCH

这款马克笔是含酒精的，易挥发，色彩较艳丽，笔头较硬，价格适中。

3.美国霹雳马

这款马克笔是油性的，笔头较宽，色彩艳丽，价格较贵。

4.中国法卡勒

这款马克笔是含酒精的，色彩柔和，性价比较高，适合初学者使用。

❖ 本书所有上色范画均使用法卡勒一代马克笔，推荐使用右侧所列的55个色号的马克笔。

冷灰色系：267、268、269、270、271、272、273、274、191

暖灰色系：260、261、262、263、264、265、266

蓝灰色系：85、87、89

红黄色系：224、225、226、177、178、160、161、156、139、140、142

蓝色系：68、70、71、73、238、239、240、241、242、243、244

绿色系：227、228、229、44、46

木材质系：162、163、165、167、168、169、246、247、248

2.3.2 马克笔的特性与使用方法

1.马克笔的笔头

　　马克笔的宽头用来大面积铺色，细头用来刻画细节。改变马克笔的宽头与纸面形成的夹角或握笔的姿势，能够表现出丰富的笔触，建议初学者使用马克笔的宽头作画。

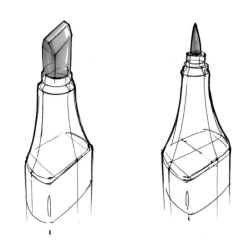

马克笔的宽头与细头

01 用马克笔的宽头，方向保持不变，紧贴纸面，可画出不同形体的状态。平时可以通过练习书写文字，来掌握马克笔的笔触。

用马克笔的宽头书写的文字

02 马克笔的宽头与纸面形成不同的夹角，画出的线条粗细也不同。夹角越小，笔头接触纸面越多，所画出的线条就越粗。

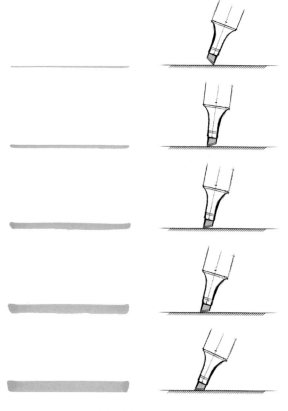

用马克笔的宽头绘制粗细不一的线条

2.马克笔的干湿特性

当马克笔的笔芯水分少时，笔触较干燥，所画出来的面不够均匀；当笔芯水分多时，笔触较湿润，所画出来的面比较均匀且层次更丰富。

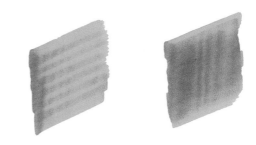

3.马克笔的运笔速度

马克笔运笔的快慢，会影响颜色的深浅。以70号马克笔为例：快速涂色一次，水分吸收少，颜色的明度会在本色号颜色的基础上减弱；慢速涂色一次，水分吸收均匀，颜色为本色号颜色；反复叠加涂色，水分吸收多，颜色的明度会在本色号颜色的基础上增强。

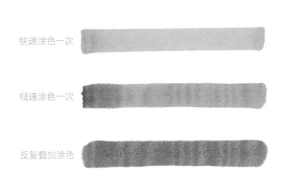

快速涂色一次

慢速涂色一次

反复叠加涂色

4.马克笔控笔练习

在线稿轮廓图内着色，运笔的方向要随着轮廓和形体的转折变化而改变。

01 直笔平铺：笔头与纸面平齐，沿着一个方向均匀平移运笔，多用于画背景，适合大面积铺色。右图中绿色虚线箭头为运笔方向。

02 直笔平涂：多用于表现平面转折，适合塑造层次感。右图中绿色虚线箭头为运笔方向。

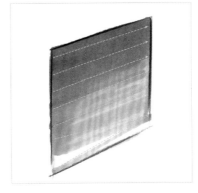

03 侧笔平涂：多用于表现曲面的转折和高光面的过渡。右图中绿色虚线箭头为运笔方向。

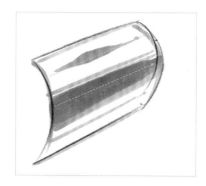
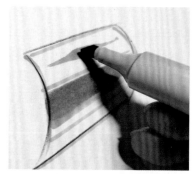

5.马克笔的运笔要点

用马克笔上色，是在一个限定的产品轮廓内运笔，相当于给产品的表面"喷漆"，这就要求设计师具有较强的控笔能力。通过下面的练习，可帮助初学者掌握马克笔的运笔要点。

01 正确的运笔方式：笔触宽度均匀，运笔平缓，中间无断点或停顿，不涂出轮廓。

02 直线轮廓内的运笔轨迹：先将马克笔的宽头倾斜且与起始轮廓边缘平行，然后每一笔都从起点开始，越往后越快，最后用笔尖画出一个"之"字形，表示过渡面。

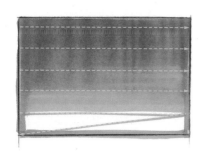

03 曲线轮廓内的运笔轨迹：先用马克笔将轮廓快速绘制出来，然后用马克笔的宽头水平平铺，平铺时需要使笔头倾斜且与轮廓边缘平行，运笔时随轮廓的变化而调整笔头倾斜角。

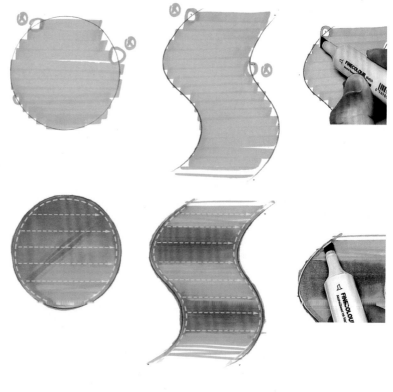

2.3.3 马克笔在工业产品设计手绘中的应用效果示例

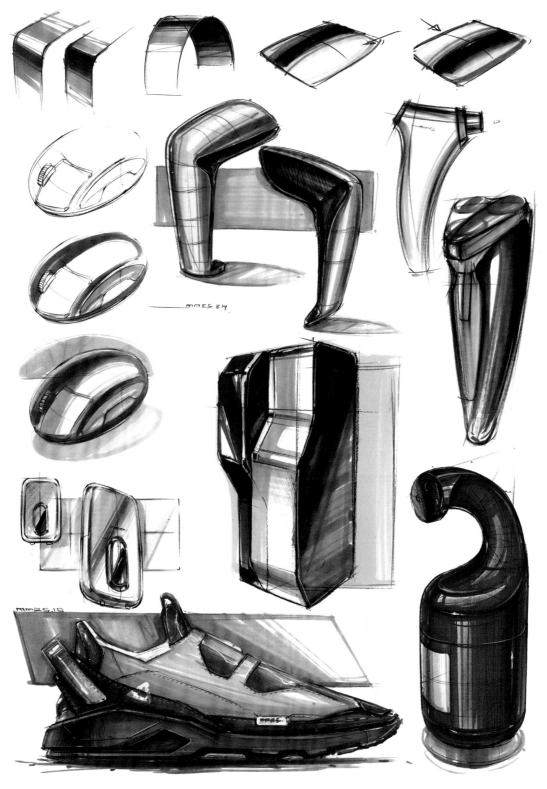

马克笔在工业产品设计手绘中的应用效果示例

2.4 高光笔及其使用方法

绘图时常用的高光笔有两种：一种是白色铅笔，另一种是白色修正笔。高光笔主要用于在马克笔上完色后的画稿上，在产品的主要形体转折处点出高光，以增强产品的光影感。

1.白色铅笔

白色铅笔，多用于表现产品上明暗对比较弱的亚光材质，如亚光塑料、硅胶、毛玻璃、木纹材质等。在本书中，笔者使用的是霹雳马PC938白色彩铅，这款铅笔有很好的覆盖效果。

2.白色修正笔

白色修正笔，多用于表现产品上明暗对比较强的高光材质，如高发光塑料、高反光玻璃、高反光金属等。在本书中，笔者使用的是樱花白色修正笔，这款高光笔出水快、覆盖效果好、笔水凝固快。

白色铅笔及其使用方法示意

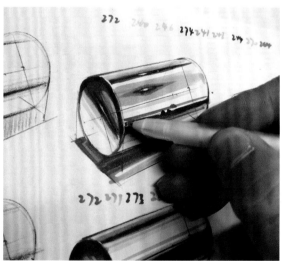

白色修正笔及其使用方法示意

2.5 尺子及其使用方法

手绘中常用的尺子是直尺和曲线板（云形尺），主要是在手绘效果图最后收形时使用。下面展示的是直尺与曲线板及其使用方法的示意图。

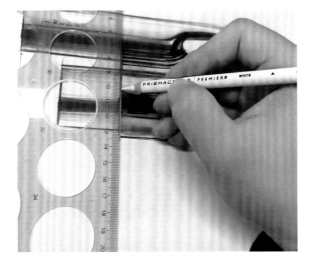 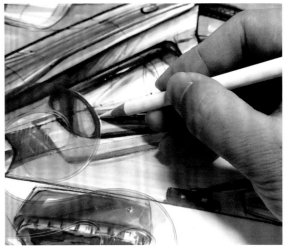

直尺及其使用方法示意   曲线板及其使用方法示意

2.6 肌理板及其使用方法

1.肌理板

在精细刻画手绘效果图时，产品的有些部件表面需要表现出有凹凸感的纹理，如手柄的硅胶防滑套、音响的网孔等，表现这些细节通常需要使用肌理板。

肌理板作为手绘辅助工具，可以更真实地表现产品的材质特征。生活中可用来当作肌理板的物件有很多，如纱窗、防尘网、散热网等。可以选最常用的圆孔与六边形孔肌理板，孔的直径在2mm左右即可。

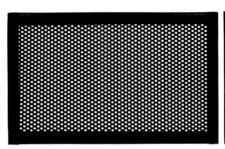 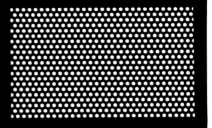

圆孔与六边形孔肌理板

2.肌理板的使用方法

将肌理板放置在需要绘制肌理的区域的纸张背面，用铅笔的侧锋在纸面进行反复运笔，即可呈现出想要的肌理效果。右侧分别是使用圆孔和六边形孔肌理板得到的平面和曲面肌理效果。图中绿色的虚线为截面线。

○

圆孔

⬡

六边形孔

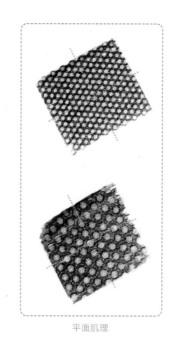

平面肌理　　　　　　　　曲面肌理

肌理板使用效果

3.肌理板在工业产品设计手绘中的应用效果

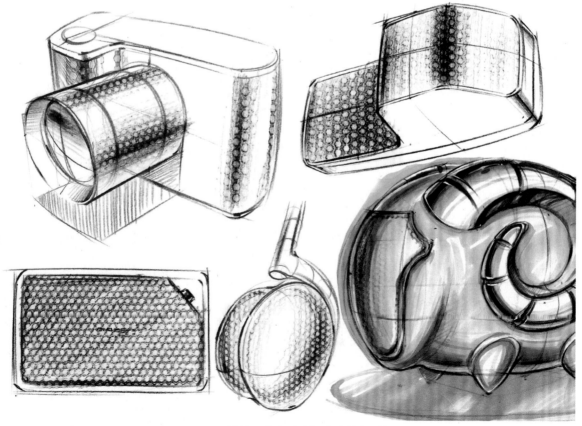

肌理板在工业产品设计手绘中的应用效果

距点F/灭点2

心点

距点E/灭点1

视线

视中线

视点S（人眼的位置）

视平线

B B1 C C1
A1
A   D1
玻璃面
a1   c1
a   d/d1

地平线

站点G（人站的位置）

地面

（投影在玻璃面上的立方体）   （将玻璃面接正后得到的两点透视立方体）

03

第3章 工业产品设计手绘
的逻辑思维

本章主要讲述透视的基本原理、比例关系、体量关系，以及这3个作图要素在

工业产品设计手绘中的应用。本章的内容由易到难，先从简单的几何体讲起，

再到复杂的产品图绘制，不仅讲解了工业产品设计手绘中的逻辑思维，还清晰

阐明了工业产品设计手绘的实效性。

3.1 工业产品设计手绘的透视关系

3.1.1 透视的基本原理

在工业产品设计手绘中，虽然经常用到的透视原理是一点透视和两点透视，但对于手绘初学者来说，还是很难理解的。下面通过模拟一个空间场景来逐一讲解。

1.一点透视

一点透视只有一个消失点（灭点），且所观察到的物体只有一个面与画面平行，所以也叫平行透视。

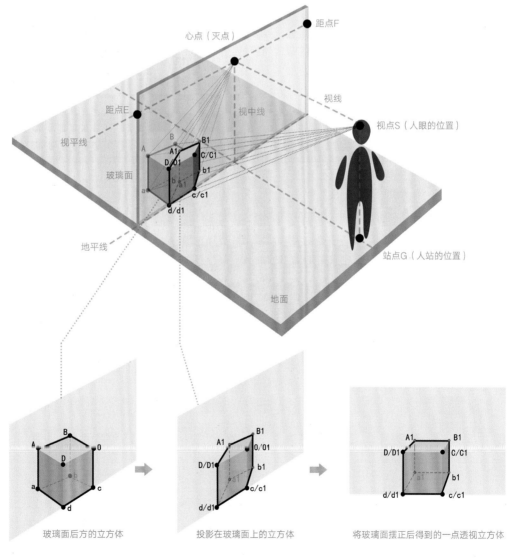

一点透视原理示意

01 设置一个地面，设定一个人垂直站在地面的一端。

02 人眼的位置为视点S，人站立的位置为站点G。

03 在人的正前方设定一个透明的玻璃面，且玻璃面垂直于地面，两个面相交的线为地平线。

04 从视点S向前看的线为视线，视线与玻璃面的交点为心点。

05 过心点且垂直于地面的线为视中线。

06 在玻璃面上作过心点且平行于地平线的线，即为视平线。

07 在玻璃面的视平线左右两端标记出距点E和距点F。

08 在玻璃面的左后方放置一个与玻璃面平行的立方体。为了方便观察，将立方体的8个顶点分别用大小写字母A、B、C、D、a、b、c、d进行标注，这样立方体的DCcd面与玻璃面平行。

09 模拟场景设定完成后，从视点S透过玻璃面看立方体的坐标位置，立方体在视平线的下面，在视中线的左边。从视点S出发，透过玻璃面，用红色虚线连接到立方体的每个顶点。

10 一点透视只有一个灭点，立方体上所有顶点的延长线都会汇聚到灭点上，且此时心点就是灭点。将立方体上所有顶点连接到心点上，用绿色的虚线标注。

11 立方体上的所有顶点分别连接到心点（灭点）和视点S后，得到的绿色虚线和红色虚线便在玻璃面上形成交点和重合点。依次连接这些交点和重合点，得到的图形就是立方体的一点透视图。

12 因为是在纸面上模拟的空间场景，所以设定的地面和玻璃面等元素是有一定的透视角度的。为了避免两次透视形成误差，就需要将玻璃面和地面摆正，这样得到的图形才是真正的立方体一点透视图。

2.两点透视

两点透视有两个消失点（灭点），且所观察到的物体与画面有夹角，所以也叫成角透视。

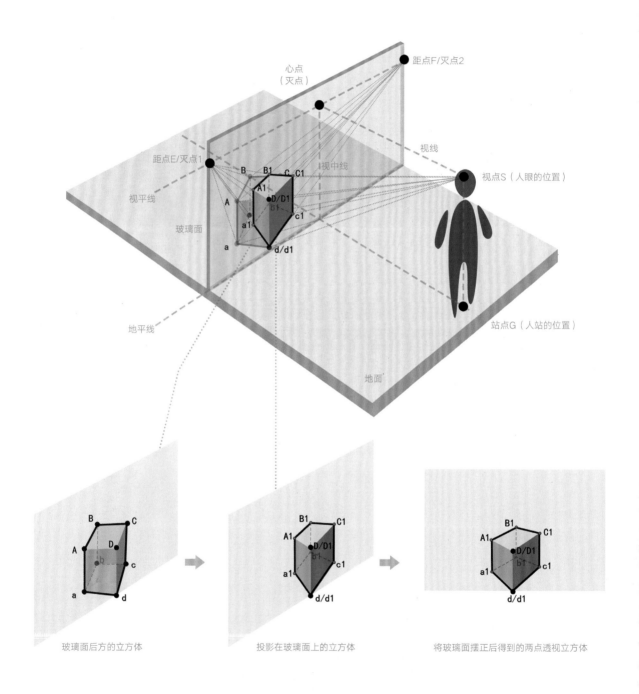

两点透视原理示意

01 设置一个地面，设定一个人垂直站在地面的一端。

02 人眼的位置为视点S，人站立的位置为站点G。

03 在人的正前方设定一个透明的玻璃面，且玻璃面垂直于地面，两个面相交的线为地平线。

04 从视点S向前看的线为视线，视线与玻璃面的交点为心点。

05 过心点且垂直于地面的线为视中线。

06 在玻璃面上作过心点且平行于地平线的线，即为视平线。

07 在玻璃面的视平线左右两端标记出距点E和距点F，此时距点E为灭点1，距点F为灭点2。

08 在玻璃面的左后方放置一个与玻璃面有夹角的立方体。为了方便观察，将立方体的8个顶点分别用大小写字母A、B、C、D、a、b、c、d进行标注，这样立方体的任何一个面都不与玻璃面平行。

09 模拟场景设定完成后，从视点S透过玻璃面看立方体的坐标位置，立方体在视平线的下面，在视中线的左边。从视点S出发，透过玻璃面，用红色虚线连接到立方体的每个顶点。

10 分别用紫色虚线和绿色虚线将立方体的所有顶点连接到灭点1和灭点2上。

11 立方体上的所有顶点分别连接到两个灭点和视点S后，得到的绿色虚线、紫色虚线和红色虚线便在玻璃面上形成交点和重合点。依次连接这些交点和重合点，得到的图形就是立方体的两点透视图。

12 因为是在纸面上模拟的空间场景，所以设定的地面和玻璃面等元素是有一定的透视角度的。为了避免两次透视形成误差，就需要将玻璃面和地面摆正，这样得到的图形才是真正的立方体两点透视图。

3.透视图角度的记忆练习

人们在观察立方体的透视图时，主要受3方面的影响：一是立方体与视平线的夹角大小，二是立方体在视平线上方或下方的位置，三是立方体在视中线左边或右边的位置。 受以上3方面影响而得到的立方体透视图都是有角度的，通过对透视图角度的记忆练习，有助于快速掌握绘制产品透视图的方法。

绘制一个立方体，设定立方体的顶视图为蓝色，左右侧视图为黄色，前后视图为绿色。

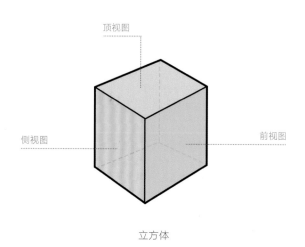

立方体

立方体在视平线之下的，称为俯视图；立方体在视平线之上的，称为仰视图；立方体在视平线中间的，称为平视图。从顶视图观察，当立方体其中一条棱与视平线形成的夹角逐渐变大时，立方体的前视图面积会逐渐变小；从侧视图观察，当立方体其中一条棱与人眼视角形成的夹角逐渐变大时，立方体的前视图面积也会逐渐变小。

当人眼的俯视视角和视平线夹角都为45°时，立方体的前视图、侧视图和顶视图的面积是相等的，如红色虚线线框里的图形所示。

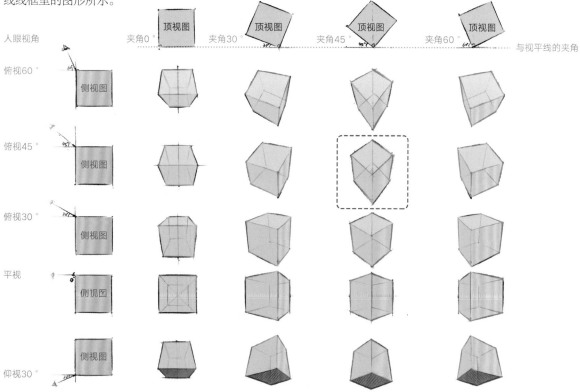

透视图角度的记忆练习

3.1.2 基本形体改造后的透视转换

1.立方体改造透视转换步骤

基本形体是所有产品的造型基础，通过对基本形体的改造练习，有助于锻炼造型能力。

01 绘制一个边长为1个单位的正方形，将每个边长4等分，任意连接边长上的点，得到一个改造后的几何形，将这个几何形设定为侧视图。

02 根据侧视图，分别绘制出一点透视和两点透视下的几何形体状态，然后将改造后的几何形体与透视关系图对应上并绘制出来。

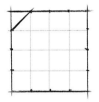 

03 按透视原理将几何形向透视点偏移，得出相应的几何形体。

04 在左侧设定光源，在几何形体右侧同一方向的面绘制阴影，增强层次感的同时也弱化了辅助线。

  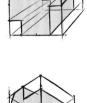 

2.立方体改造透视转换练习

根据前面讲解的基本形体改造方法，自行绘制如图所示的图形进行改造练习，以进一步巩固所学知识点。

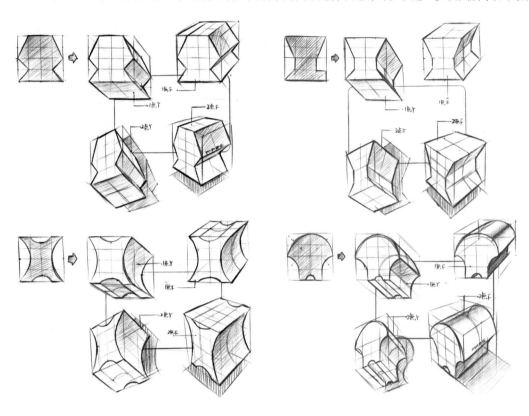

立方体改造透视转换练习

3.1.3 应用透视原理绘制产品透视图

1.基本形剖析

以一个医疗产品为例，参照实物绘制出产品的三视图。

实物参考

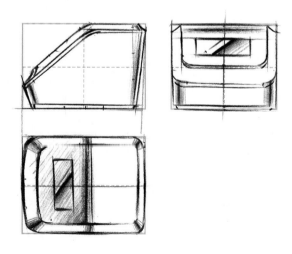

医疗产品三视图

将产品简单化为基本形，以便从不同角度推敲产品结构。通过分析可知，这个产品的基本形是一个带有倒角的倒梯形形体，并在此基础上进行了不规则设计。

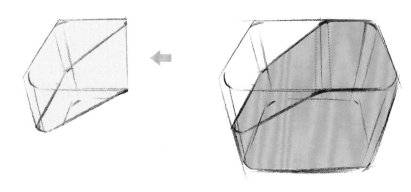

产品的基本形

2.透视状态分析

分析此产品基本形的透视状态。状态一：两点透视为前45°视角，视平线HL为参考线，产品基本形呈3种透视效果；状态二：一点透视，视平线HL为参考线，产品基本形呈3种透视效果；状态三：两点透视为后45°视角，视平线HL为参考线，产品基本形呈3种透视效果。掌握了这些基本形透视状态的推演方法，就可以更快、更准确地绘制出想要的透视图形。

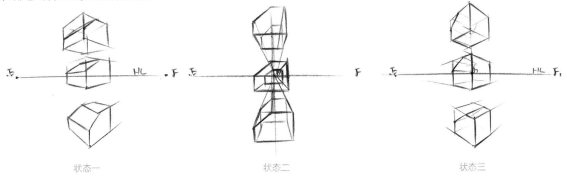

状态一 状态二 状态三

产品基本形的透视状态

3.绘制步骤演示

01 根据对基本形的透视分析进行排版布局。从最简单的一点透视图开始绘制，逐步绘制出大小相等的透视基本形。

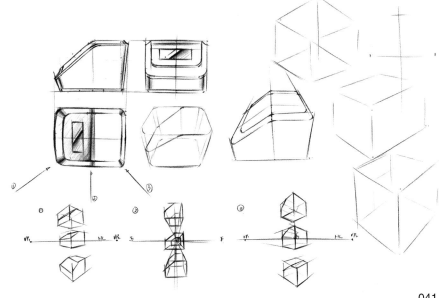

02 绘制出产品的细节。

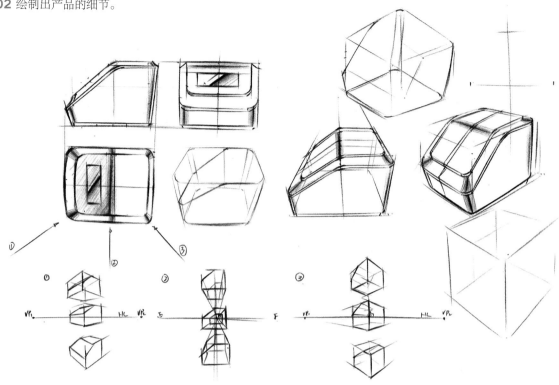

03 为了表现出产品更多的信息，需要绘制出后视角度的产品视图。

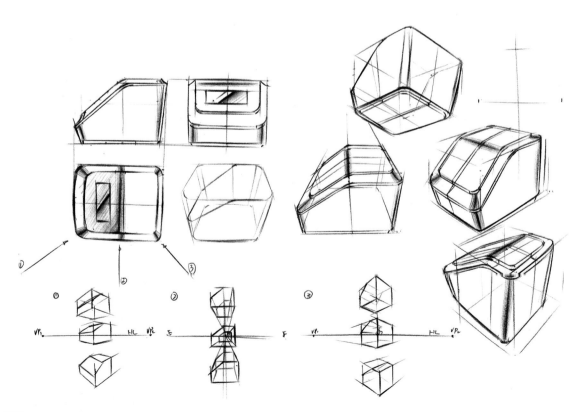

04 在一个画面上，不同角度的产品视图之间要有叠加关系，以此来营造画面的空间感。

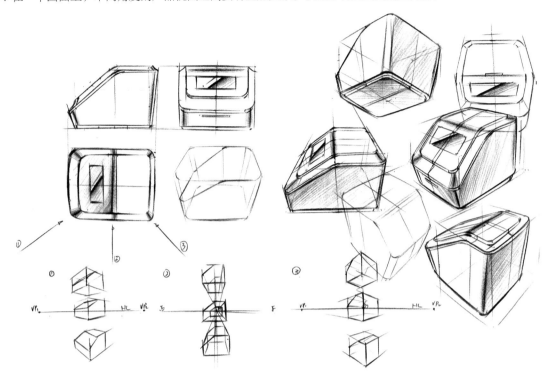

05 用箭头、背景框和阴影的形式将不同角度的产品视图联系起来，使画面更有节奏感。

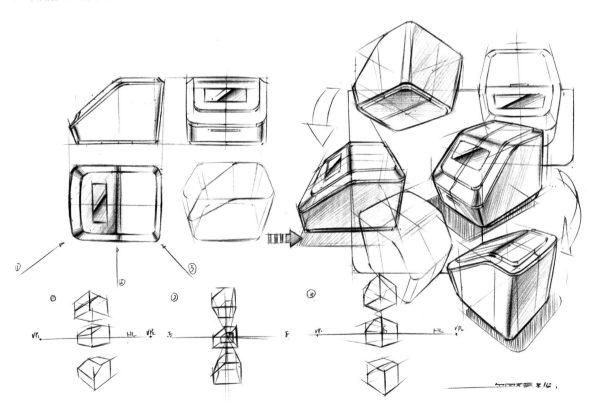

3.1.4 工业产品设计手绘中的透视关系表现示例

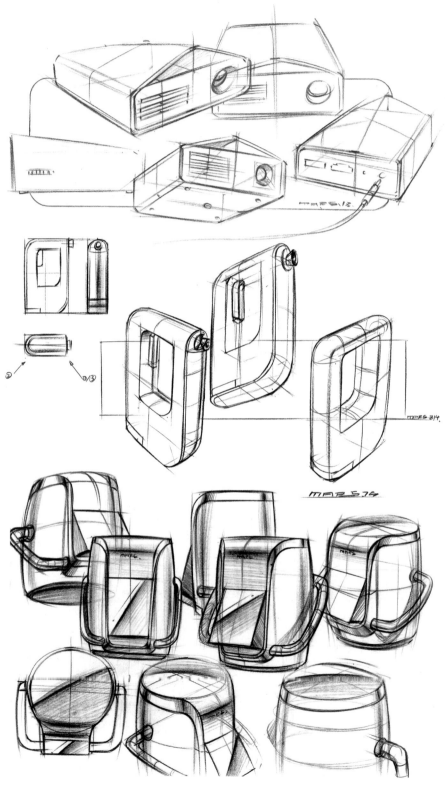

工业产品设计手绘中的透视关系表现示例（一）

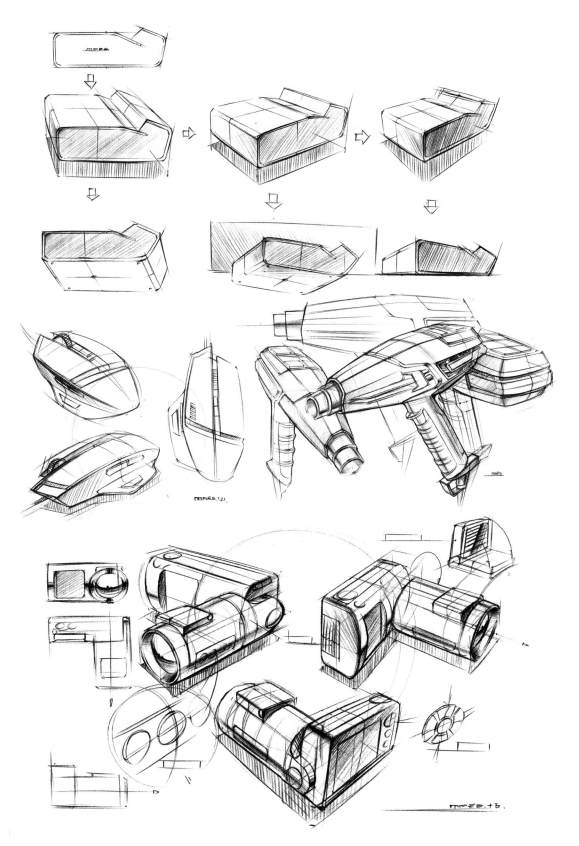

工业产品设计手绘中的透视关系表现示例（二）

3.2 工业产品设计手绘的比例关系

3.2.1 比例关系原理

对于一幅优秀的工业产品设计手绘图而言，不但透视关系很重要，比例关系也非常重要。正确的比例关系，能更清晰地呈现产品的尺寸。

1.一点透视立方体的比例关系

一点透视的立方体有一个面没有发生透视变化，则这个面的边长也没有发生变化。

绘制出一个位于视中线的一点透视正方形，取边长的1/2作为发生透视后的底边，根据一点透视原理，绘制出一点透视立方体。不在视中线上的立方体的透视底边边长都大于边长的1/2。应用这一规律绘制更多的立方体以加强对一点透视比例关系的理解。

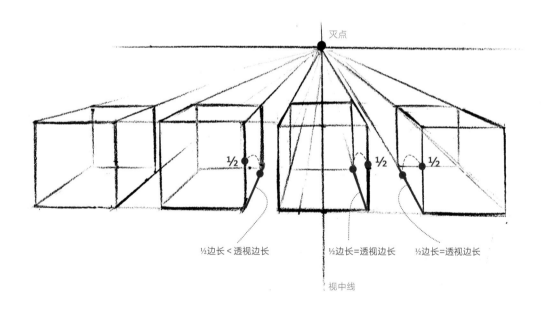

一点透视立方体的比例关系示意

2.两点透视立方体的比例关系

两点透视的立方体只有一条线没有发生透视变化，这条线称之为真高线。

立方体底边与视平线形成的夹角等于45°时，取真高线的2/3为底边发生透视后的边长，根据两点透视的原理，可以快速绘制出两点透视的立方体。注意观察，顶面对角线的A点与B点的高度相等。

立方体底边与视平线形成的夹角小于45°时，底边发生透视后的边长大于真高线的2/3，顶面对角线的A点高于B点。

立方体底边与视平线形成的夹角大于45°时，底边发生透视后的边长小于真高线的2/3，顶面对角线的A点低于B点。

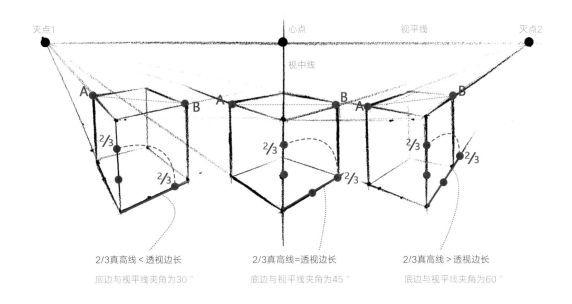

两点透视立方体的比例关系示意

3.2.2　立方体的扩展比例关系

设定宽度为1个单位、长度为2个单位，绘制一个长方形。过中点作A点到B点之间的对角线，即可扩展出发生透视的等比例长方体。

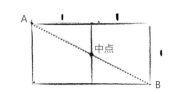

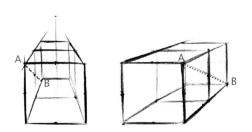

一点透视立方体的扩展比例关系

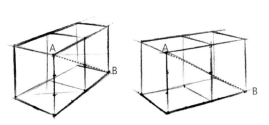

两点透视立方体的扩展比例关系

立方体的扩展比例关系示意

3.2.3 工业产品设计手绘中的比例关系表现示例

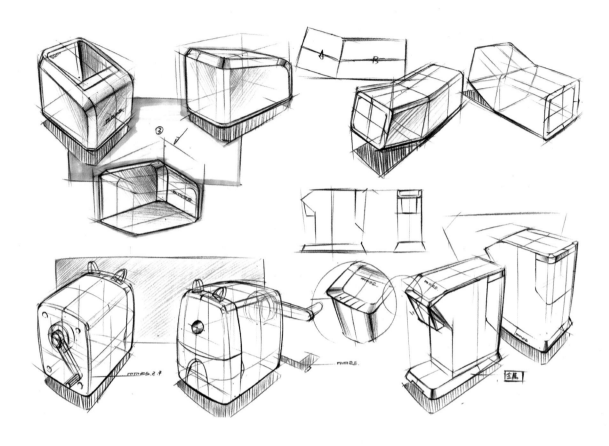

工业产品设计手绘中的比例关系表现示例

3.3 工业产品设计手绘中的体量关系

3.3.1 体量关系原理

　　初学者在绘制产品手绘图时，最容易忽略的就是产品的体量关系，稍不注意，就会将小体量的产品表现得很大。那么如何掌握产品手绘图中产品的体量大小呢，可以以立方体的体量关系表现为切入点。

1.立方体不同顶面夹角所呈现出的体量关系

　　先以立方体为例，可以观察到立方体顶面夹角的不同，会直接影响人对立方体体量的感受。立方体顶面两条棱的夹角不同所呈现出的体量是不同的，前4个为立方体的俯视图，第5个为立方体的仰视图。

90°＜夹角＜150°：在这种状态下，立方体的顶面面积较大，在同体型大小的产品中，所呈现的信息也比较多，适合表现大多数产品。

夹角=90°：在这种状态下，立方体的顶面与侧面都发生形变，产品手绘图中很少用到这个角度。

夹角＜90°：在这种状态下，立方体的顶面与侧面的面积大小基本一致，所呈现的信息也一样多。

150°＜夹角＜180°：在这种状态下，立方体的顶面面积很小，两个侧面较大，常用于表达产品侧面的细节。

夹角＞180°：在这种状态下，为立方体的仰视图，看不到立方体的顶面，只能看到两个侧面，多用于表现体量较大的产品，如大型卡车等。

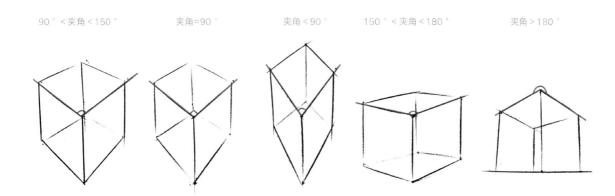

立方体不同顶面夹角所呈现出的体量关系

2.立方体产品手绘图中的体量关系

参照立方体不同顶面夹角的体量关系图绘制一款投影仪的体量关系图，以进一步加深对体量关系的理解。

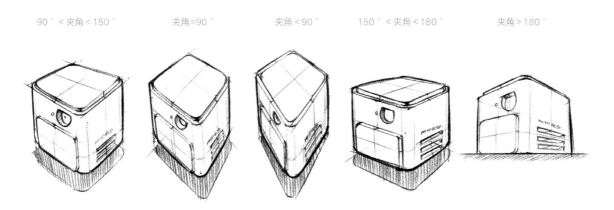

投影仪不同顶面夹角所呈现出的体量关系

3.3.2 产品实物及手绘图的体量关系表现

结合前面对立方体顶面不同角度的展示，来分析空气净化器的体量关系。产品顶面边缘线的夹角不同，直接影响我们对这个产品信息的读取和视觉上的感受。

90°＜夹角＜150°：顶面和侧面的细节都能表达出来，视觉变形较小。

夹角＝90°：顶面展示的信息更多，侧面因透视而发生形变，绘图时勿用此角度。

夹角＜90°：顶面与侧面都因透视而发生形变，易使人在观察产品时产生错误的理解，绘图时勿用此角度。

150°＜夹角＜180°：顶面面积小，展示的细节也少；两侧面面积较大，展示的细节比较丰富。

夹角＞180°：因透视变化只能呈现产品的两个侧面，这个角度使产品的体量感显得更厚重。

| 90°＜夹角＜150° | 夹角＝90° | 夹角＜90° | 150°＜夹角＜180° | 夹角＞180° |

空气净化器不同的顶面边缘线夹角所呈现出的效果

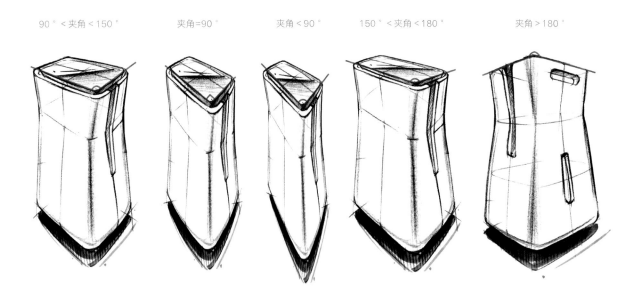

90°＜夹角＜150°　　夹角＝90°　　夹角＜90°　　150°＜夹角＜180°　　夹角＞180°

空气净化器不同顶面边缘线夹角所呈现的体量关系手绘表现

　　根据绘图的需要，表达小型产品时，可采用90°＜夹角＜150°的形态；表达大型产品时，可采用夹角＞180°的形态；侧重表达产品的局部细节时，可采用150°＜夹角＜180°的形态。

3.3.3　工业产品设计手绘中的体量关系表现示例

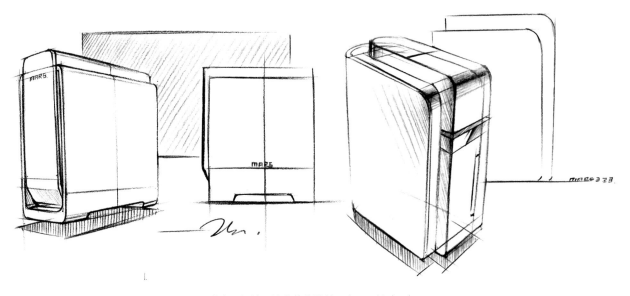

工业产品设计手绘中的体量关系表现示例（一）

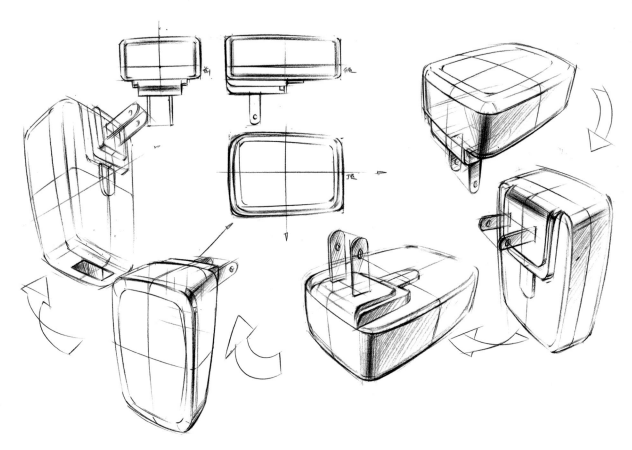

工业产品设计手绘中的体量关系表现示例（二）

工业产品设计手绘中的体量关系表现示例（三）

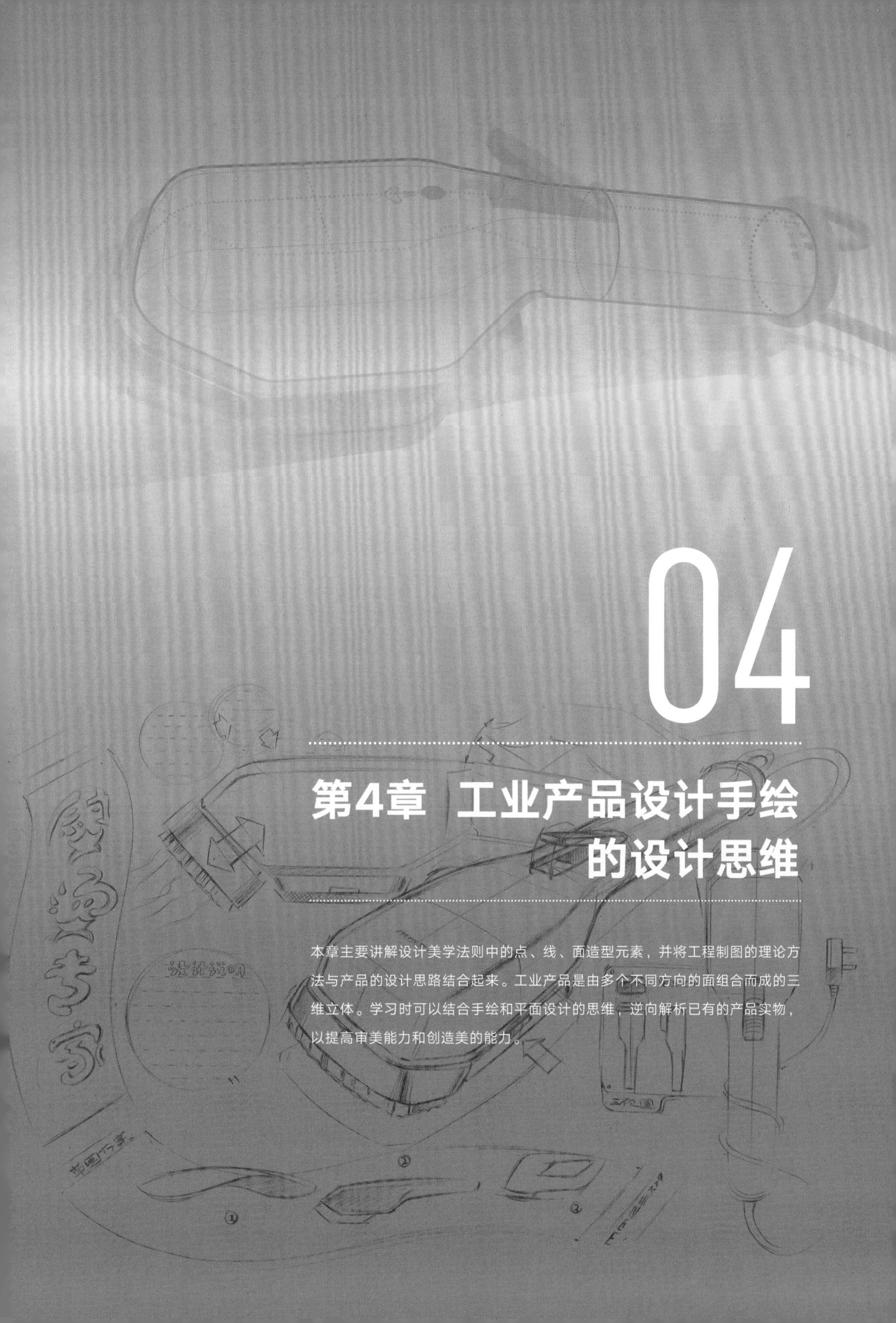

04

第4章　工业产品设计手绘的设计思维

本章主要讲解设计美学法则中的点、线、面造型元素，并将工程制图的理论方法与产品的设计思路结合起来。工业产品是由多个不同方向的面组合而成的三维立体。学习时可以结合手绘和平面设计的思维，逆向解析已有的产品实物，以提高审美能力和创造美的能力。

4.1 工业产品的基本造型元素

4.1.1 基本点的手绘表现

1.工业产品上的点

　　点在平面设计构成中是有面积大小的，有颜色，也有不同的形态，当然也有肌理。而在三维产品中，点是立体的，是有结构的，常以"孔""凸点"或"凹点"的形式出现，且会随着产品外观形态的起伏变化而变化，如下面的实物参考图所示。

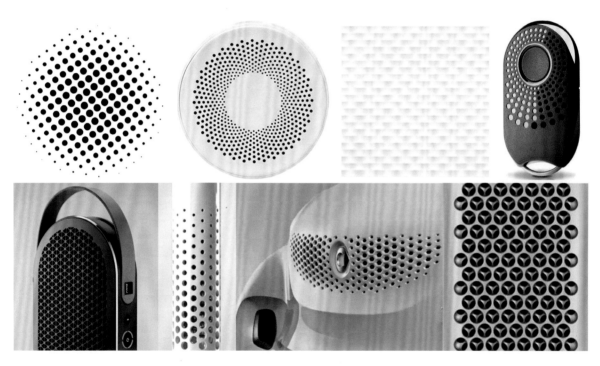

点的实物参考

2.产品手绘图中点的绘制

　　要画好产品手绘图中的点，需要先了解点的排列方式。点主要有无序排列和有序排列两种方式：无序排列的点是指没有规律、没有节奏的，任意在纸面上画出的点；有序排列的点是指有规律、有节奏的，按照一定的轨迹在纸面上画出的点。

　　在画点的时候，先画出点运行的轨迹线，然后在线上画点，这样点的排列是有规律的。下面列举了不同状态的点的绘制步骤。

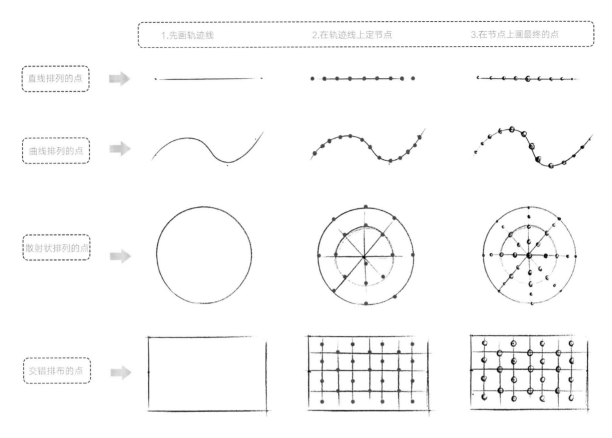

不同状态的点的绘制步骤

3.点在产品手绘中的应用

在产品设计过程中，产品的细节往往会提升产品的品质，点是细节设计的重要表现形式。前面讲过点是以"孔""凹点"或"凸点"的形式来呈现的。例如，在绘制产品手绘图时，如果需将一个圆孔放大呈现，就要表现出圆孔的厚度；如果不需要放大呈现，则绘制一个半圆来表示圆孔即可。

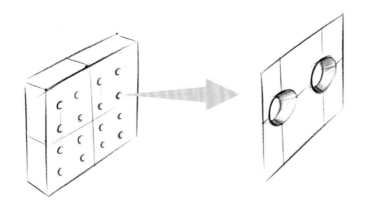

圆孔放大呈现时的效果

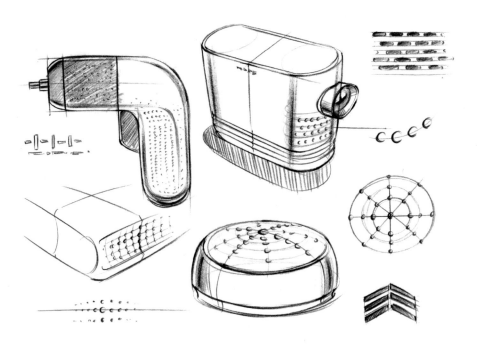

圆孔不需放大呈现时的效果

4.1.2 直线的手绘表现

1.工业产品上的直线

产品的造型都是先由直线搭框架，再改造而成的。因为直线有长短、方向、粗细等特性，所以在表达产品的整体造型和细节时，不同的直线带给人的视觉感受也不同。在学习绘制直线时，需要对笔有较好的控制力，继而才能通过手绘表达出自己的想法。

工业产品中的直线

2.练习绘制直线的方法

在练习绘制直线时，需要注意线条的规范性与准确性，产品中所有的线条都是在一个整体框架里面排列组合的。绘制一个标准的矩形，用平均线或平均点将矩形进行分割，以此来辅助作图。

平均线辅助定位

平均点辅助定位

根据平面设计构成中的对称法则练习绘制图案，然后创造性地进行线的排列组合。

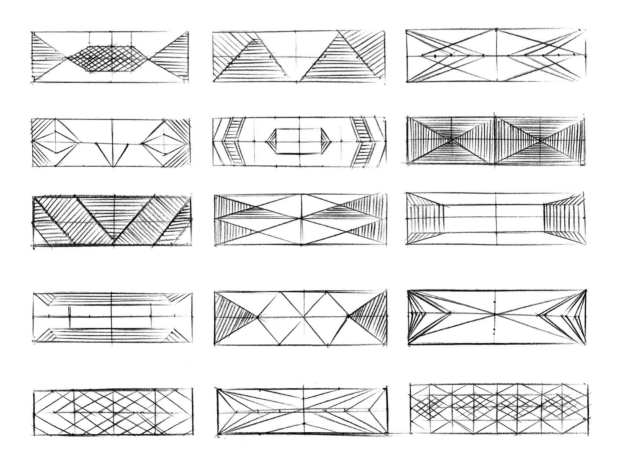

绘制对称图案练习排线

3.设计草图中直线的表现

下面是笔者曾经在做投影仪设计项目时所绘制的前期草图方案，客户给了长、宽、高的限定尺寸，要求产品的前面要有一个镜头和散热孔。绘制多个大小和比例相等的矩形，然后绘制出不同形态的平行直线来表示散热孔。

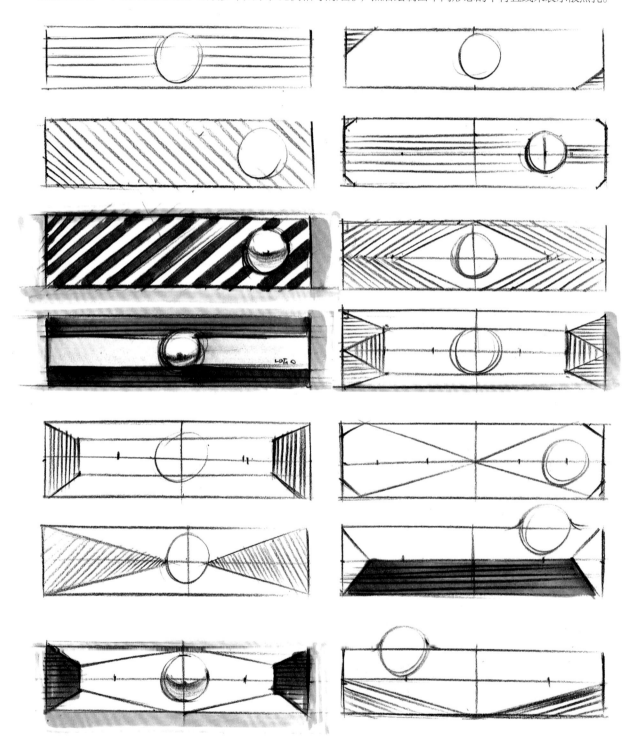

投影仪前视图中直线的表现

4.直线在工业产品设计手绘中的区别表现

在两点透视图中，平行的直线会发生透视变化，需要注意线条之间的前后间距。表现产品细节时，平行线的间距控制在2~3mm即可。在整个产品手绘图中，通常底边的轮廓线最深、最粗，这样可以将产品烘托出来。

产品的投影可以用垂直的平行线来表现，这样与产品本身的线条方向有所区别，在削弱辅助线的同时又能烘托出产品主体。

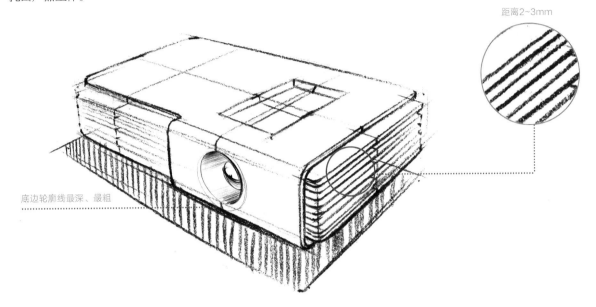

底边轮廓线最深、最粗

距离2~3mm

直线在工业产品设计手绘中的区别表现

4.1.3　曲线的手绘表现

1.工业产品上的曲线

曲线有无序和有序之分，在纸面上任意画出来的曲线是无序曲线，而在纸面上通过规则的基本形"切"出来的曲线则是有序曲线。

在画产品手绘图的过程中，常用有序曲线来表现产品。

实物参考

2.有序曲线的绘制练习

练习方法一：在直线上绘制左、右两端点，在两个端点之间向上或向下画弧线。

练习方法二：在圆上取任意3个点，就可以截取一段曲线；两个同一平面上的圆相切后，任取4点或5点也可以得到一条有规律的曲线。

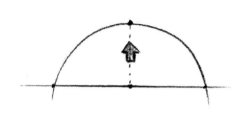

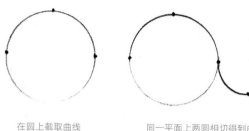

在圆上截取曲线　　　　　同一平面上两圆相切得到曲线

根据直线画曲线　　　　　　　　　　根据圆形画曲线

3.曲线与圆的大小关系

先设定右边两图中A点到B点的距离相同，C点到A、B两点中间的垂直距离不同。分别过A、B、C三点画出两个大小不一的圆形，那么由此判定C点高低的不同直接影响所在曲线上圆的大小。

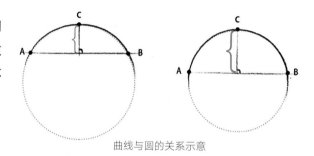

曲线与圆的关系示意

4.用曲线逆向分析产品实物

在绘制产品图时，要先分析此产品的曲线是怎样得来的。可以用圆形相切的方式逆向分析该产品的造型语言。经过分析，此产品的外轮廓曲线是由多个圆形相切得来的，如右图所示。

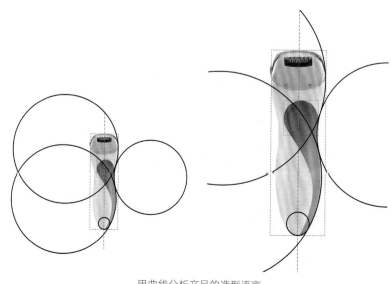

用曲线分析产品的造型语言

在用铅笔绘制产品图时，需要注意对曲线之间的拼接处做平缓过渡，使两条拼接的线条具有深浅虚实的变化。

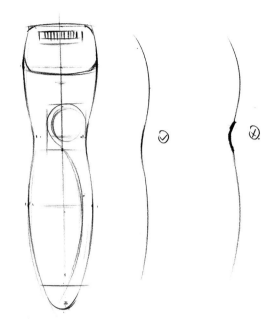

曲线拼接处的过渡表现

5.工业产品设计手绘中曲线的表现

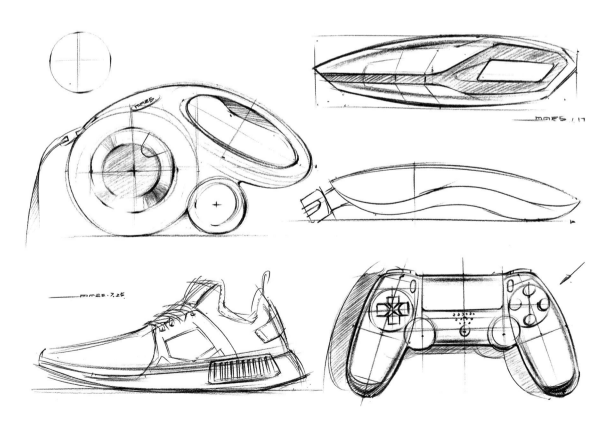

工业产品设计手绘中曲线的表现

6.空间曲线的理解与绘制练习

空间曲线是平面曲线发生了透视而形成的，需要结合透视原理来进行绘制。

绘制空间曲线时，需要了解曲线中点的位置。例如，圆在没有发生透视前，中点A为最高点；当图形发生向左的透视后，中点A会低于B点，如下图所示。因此，在绘制曲线产品手绘图时需要注意这个知识点。

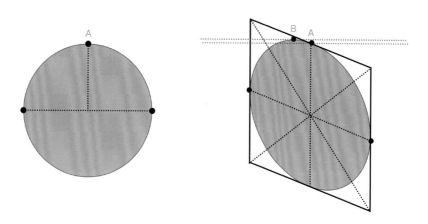

空间曲线中点位置的变化示意

对半圆柱体的形态进行改造发散，也是常用的形体推敲方法，在基本形体内对截面线进行改造，来提高绘制空间曲线的能力和控笔的能力。

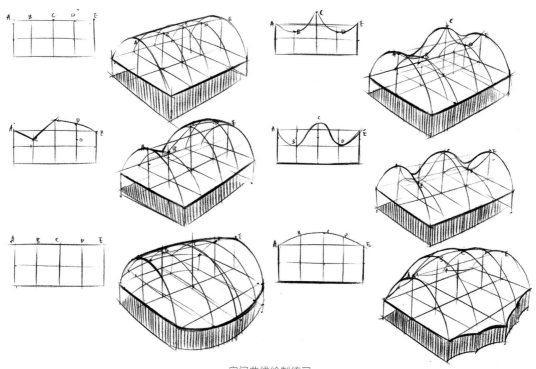

空间曲线绘制练习

4.1.4 基本面的手绘表现

1.工业产品上的面

面是构建体的重要元素。从形态上分，面有平面、曲面和渐消面之分。曲面与渐消面都是以平面为基准，通过改变其截面线而形成的。

面的实物参考图

2.基准平面之间的转换

方与圆是基本的几何形态，我们可以通过有效的方法逐步从正方形推画出其他的几何形态。

绘制一个正方形。

由正方形推画出圆形。画出正方形中线平分边长，并在一半边长的1/3点向上延伸与对角线相交，得到4个交点，连接这4个交点和4个边长的中点，得出圆形，此方法也被称为8点画圆法。

正方形

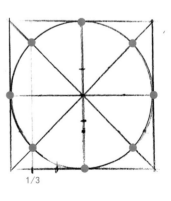

1/3

由正方形推画出圆形

由圆形推画出正三角形。在圆半径的1/2处取点，并作水平线与圆相交，得到左右两个点，再将这两个点与最高点连接。

由圆形推画出正六边形。在圆直径上下的1/9处各取一个点，并作水平线与圆相交，得到左右4个点后与水平方向的直径端点依次连接。

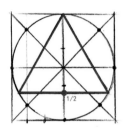

由圆形推画出正三角形

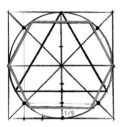

由圆形推画出正六边形

3.曲面与渐消面的绘制

曲面与渐消面是由基准平面改变了截面线后形成的。图中红色虚线和蓝色虚线为两个方向的截面线。截面线向上凸或向下凹，会形成凸曲面和凹曲面。

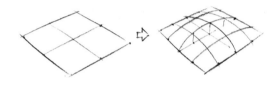

平面转变为曲面

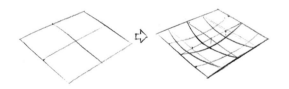

平面转变为凸曲面和凹曲面

渐消面是由两个或多个不同方向的面融合而成的，也称之为消失面。渐消面多见于一般产品的细节和汽车的造型上。

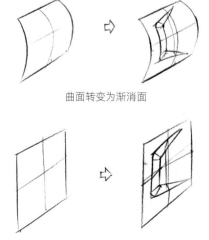

曲面转变为渐消面

平面转变为渐消面

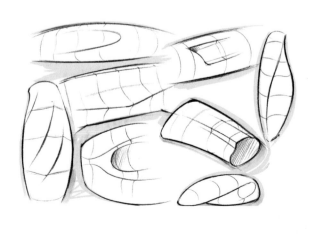

曲面与渐消面的绘制练习

4.工业产品设计手绘中面的表现示例

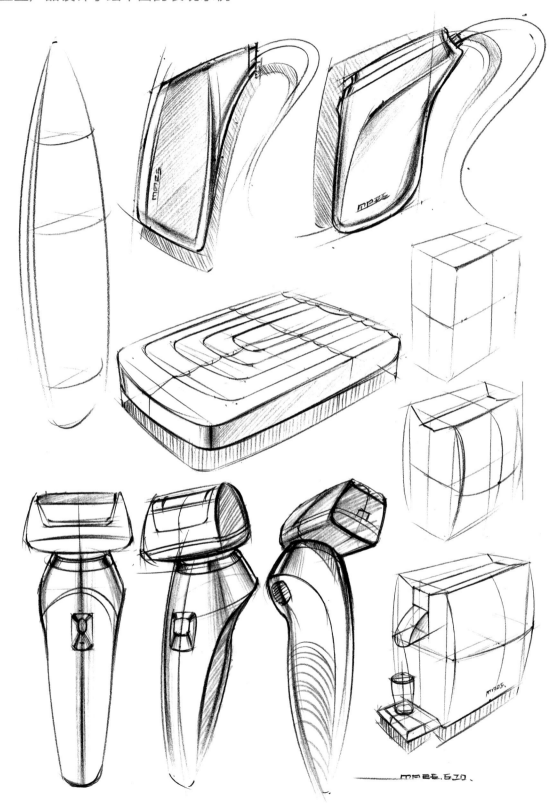

工业产品设计手绘中面的表现示例（一）

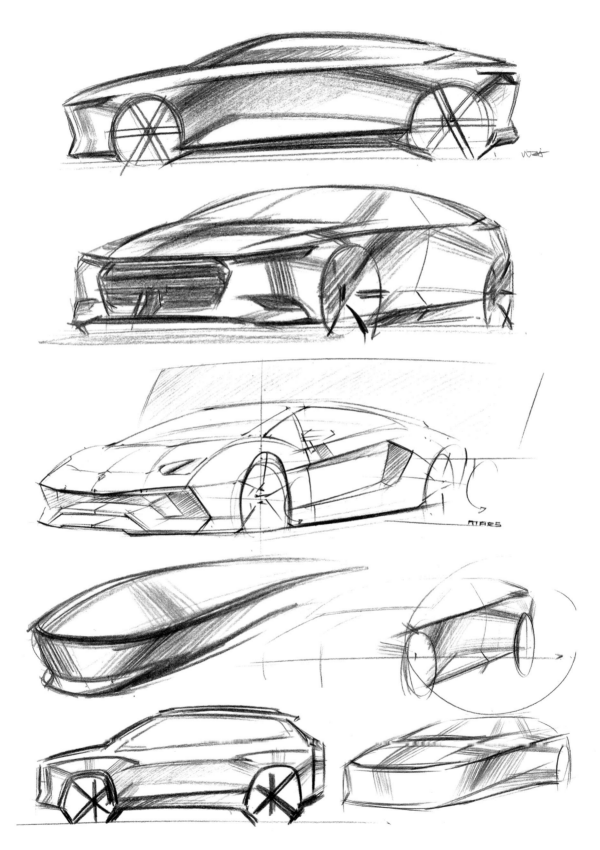

工业产品设计手绘中面的表现示例（二）

4.1.5　基本形体的手绘表现

1.基本形体的绘制

基本形体是由基本面经过平移、拉伸、旋转后组合得到的，下面结合对基本平面的了解，依次推画出六棱柱体和球体。

先绘制出呈两点透视的基准平面，再将透视面向后平移拉伸，会得到相应的基本体，如下图所示。

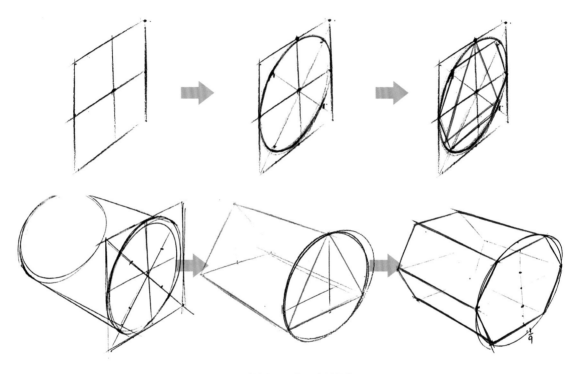

通过基本平面推画六棱柱体

在没有光影的情况下，从任何一个角度看球体都是一个二维的圆形。通过绘制截面线可以得到一个有立体感的球体。

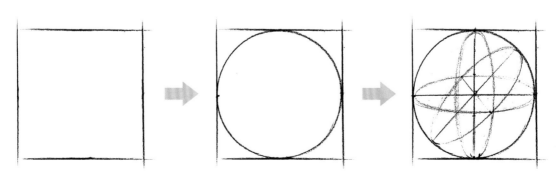

通过基本平面推画球体

2.工业产品设计手绘中基本形体的表现示例

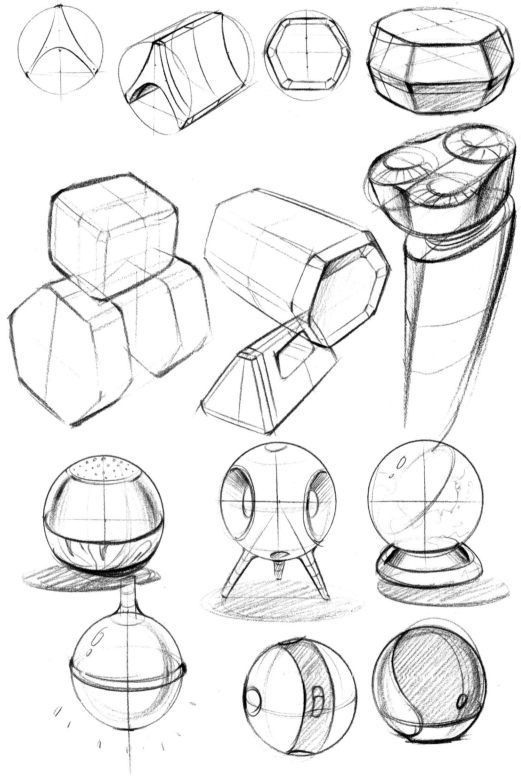

工业产品设计手绘中基本形体的表现示例

4.1.6　截面线的重要性及其手绘表现

截面线并不会呈现在实际的产品表面上，但要在产品手绘图中呈现出来。因为需要在纸面上表现一个三维的物体，所以需要画出截面线。在参照产品实物图绘制手绘图时，也必须先了解产品的截面线，然后才能准确无误地将产品表现出来。

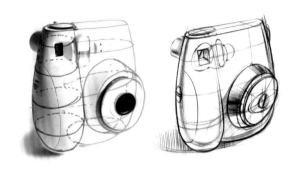

截面线实物参考

1.截面线在形体发散造型时的重要性

截面线在产品形态中至关重要，通过改变基本形体的截面线可以得到不同的形态。设定底面的矩形不变，调整截面线的起伏状态，也可以得到不同的形态。图中的红线为截面线。

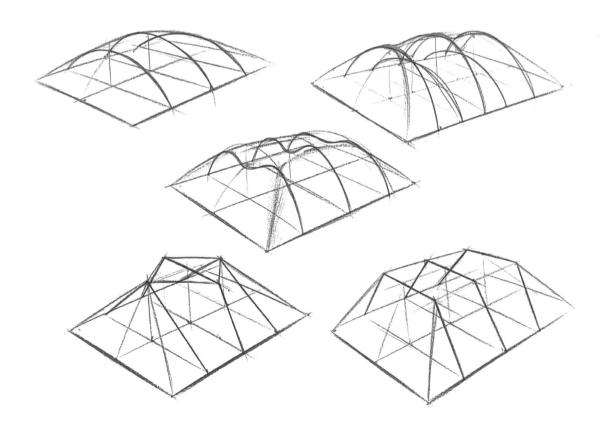

调整截面线得到不同的形体

2.运用截面线进行形体发散造型的方法

❖ **方法一**

以圆柱体为例，改变其截面线，推画出不同的形体。

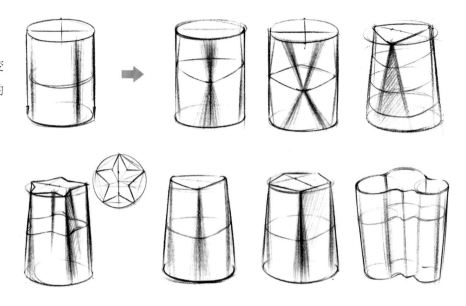

改变圆柱体的截面线推画出不同的形体

❖ **方法二**

参考圆柱体的透视截面线，绘制大小相同的外轮廓，并通过改变截面线推画出其他不同的形体。

圆柱的透视截面线

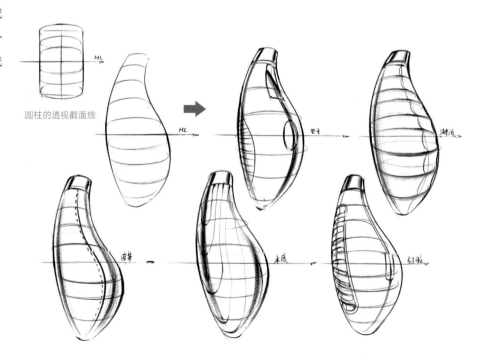

改变圆柱体的透视截面线推画出不同的形体

3.工业产品设计手绘中截面线的表现示例

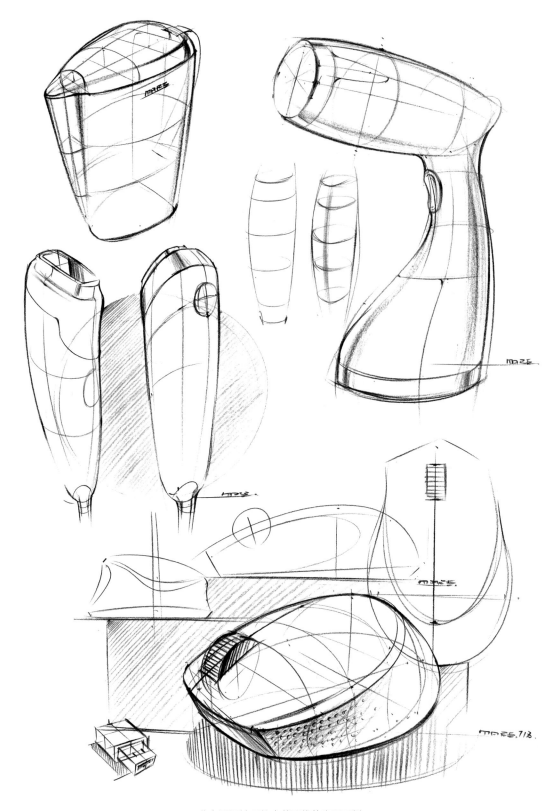

工业产品设计手绘中截面线的表现示例

4.2 工业产品设计造型方法——加减法

"加减法"是指对一个基本形体进行分割或使多个基本形体相加得到一个新的产品形态的方法，在工业产品设计造型时最为常用。下面通过"加减法"来绘制一些产品手绘图。

4.2.1 立方体之间的"加减"

立方体之间的"加减"是最常用的产品设计造型方法。大到大型钣金类机箱，小到积木玩具，都可以看作是立方体"加减"后的造型。下面对右图所示的这款咖啡机进行分析，并按步骤绘制出手绘图。

咖啡机实物参考图

1.顶视图分析

根据实物参考图绘制出咖啡机的顶视图，其基本形是由两个圆角矩形叠加起来形成的图形。

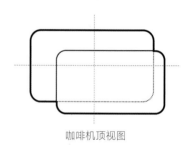

咖啡机顶视图

2.绘制步骤演示

01 绘制顶视图，画两个比例相同的长方形，并使它们相交。

02 为两个长方形倒圆角，确定顶视图的基本轮廓。

03 将顶视图按照两点透视原理绘制出来，向下"拉伸"得到一个基本形体。

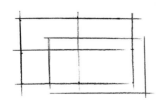

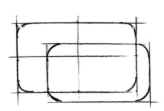

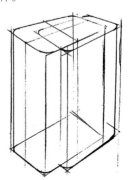

04 用"加减法"刻画出咖啡机的基本形。

05 用黄色马克笔和CG4灰色马克笔分别为背景和产品铺色，绘制出咖啡机的简易手绘效果图。

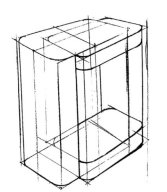

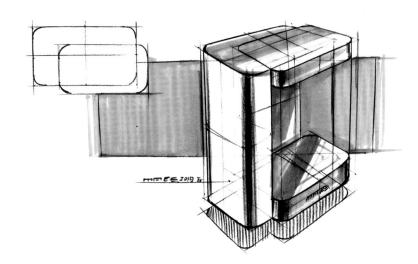

4.2.2　圆柱体之间的"加减"

　　日常生活中通过圆柱体之间的"加减"来造型的产品如吹风机，吹风机是由两个圆柱体穿插而成的。下面对右图所示的这款吹风机进行分析，并按步骤绘制出该产品的手绘图。

1.侧视图分析

　　从吹风机的侧视图观察，其基本形是由两个圆柱体穿插而成的，吹风口处的三角形是做"减法"得到的。

吹风机实物参考图

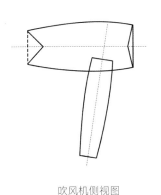

吹风机侧视图

2.绘制步骤演示

01 绘制一条中轴线，在中轴线上绘制一个椭圆形，并在椭圆形上画出互相垂直平分的长轴和短轴。

02 在椭圆形边上作垂直的切线，分别连接上下和左右的透视中点。

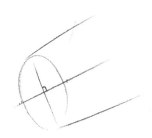

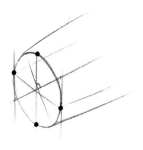

03 将左右两个透视中点向后延伸，得到两个吹风口"缺口"的点，然后用曲线连接，得到吹风口的基本形。

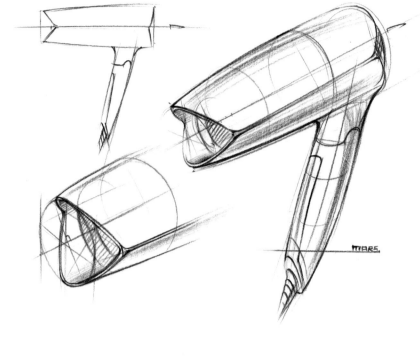

04 根据实物参考图表现出吹风机的壁厚等细节。

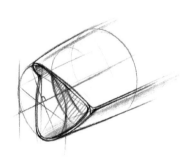

使用"加减法"绘制出的吹风机手绘图

4.2.3 圆柱体与立方体之间的"加减"

圆柱体与立方体都属于基本形体，那么运用"加减法"将两种基本形体结合起来，会得出什么样的产品呢？下面通过对右侧这个机械部件进行分析，应用"加减法"绘制该部件的手绘图。

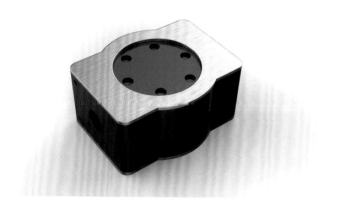

机械部件实物参考图

1.顶视图分析

从机械部件的顶视图观察，其基本形是由圆角矩形体和圆柱体组成的。

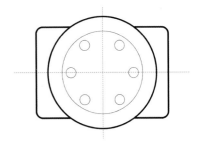

机械部件顶视图

2.绘制步骤演示

01 绘制一个水平状态的椭圆形，并画出互相垂直且平分的长轴和短轴。

02 在椭圆形中心点的上方标出椭圆形的透视中心点，然后按照两点透视的原理过透视中心点和椭圆的边缘，绘制一个呈透视的矩形。

03 延长透视中线，按照两点透视的原理绘制出机械零件发生透视后的顶视图。

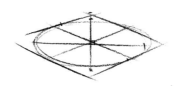
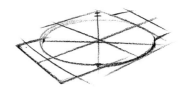

04 将机械零件的透视顶视图向下垂直"拉伸"，得到这个零件的基本形体。

05 对基本形体做"加减法"，进一步刻画细节。

06 绘制分型线，区分每个部件。

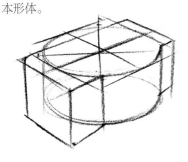
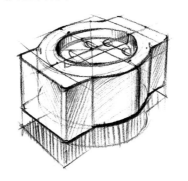
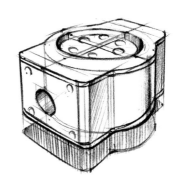

4.2.4　球体与圆柱体之间的"加减"

组合球体与圆柱体，使两种形体产生"加减"也是众多产品设计造型的常用手法。下面通过对右图所示的这款手持摄像仪进行分析，应用"加减法"绘制该产品的手绘图。

手持摄像仪实物参考图

1.前视图分析

绘制出手持摄像仪的前视图，其基本形是由圆形和异形长方形叠加而成的。

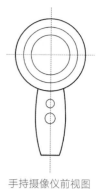

手持摄像仪前视图

2.绘制步骤演示

01 通过观察实物，发现前视图最能表达出手持摄像仪的形态。画一个圆形，用水平和垂直的中线标出圆心，再画一条穿过圆心的透视线，即为透视中线。

02 在透视中线上画出垂直且平分的长短轴，得到一个椭圆形。

03 沿透视中线，在椭圆形的中心点左侧标记椭圆形的透视中点。画一条垂直线穿过椭圆形透视中点，即为透视椭圆形的垂直透视中线。由此画透视线穿过椭圆形透视中点，得到椭圆形的另一条透视中线。

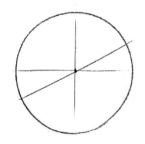

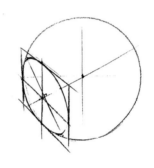

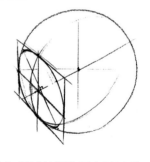

04 由已得到的4个椭圆形透视中点画出球体的截面线。

05 过圆心向下画垂直线，画出手持摄像仪手柄截面线的长短轴。

06 通过长短轴画出椭圆形后，连接边缘得到手柄的造型。

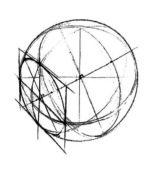

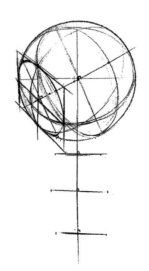

4.2.5 "加减法"在工业产品设计手绘中的应用示例

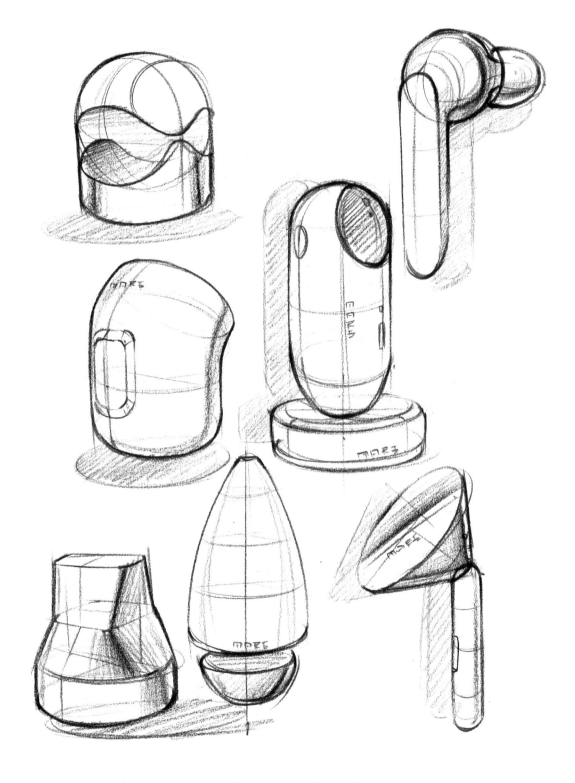

"加减法"在工业产品设计手绘中的应用示例（一）

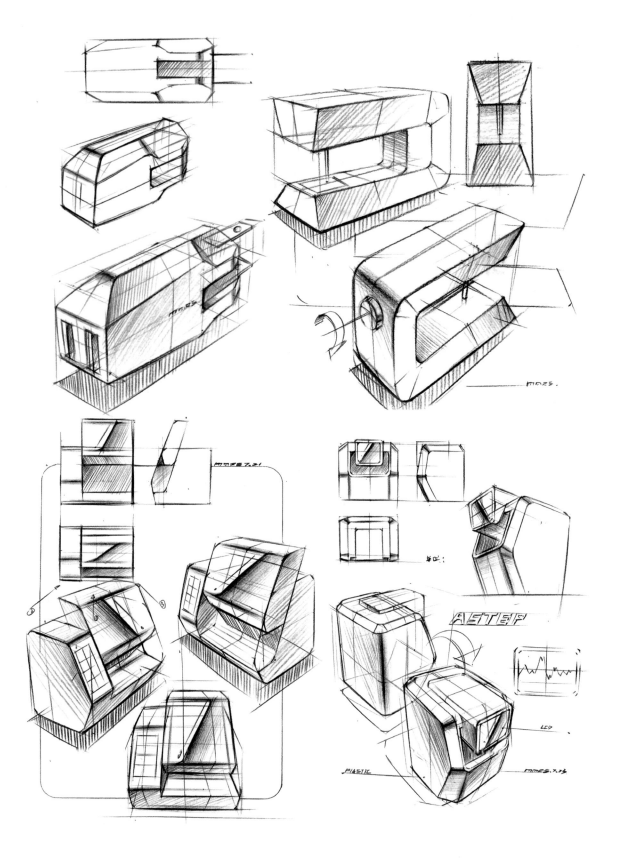

"加减法"在工业产品设计手绘中的应用示例（二）

4.3 运用逆向思维绘制产品手绘图

本节以右图所示的手持熨烫机为例，通过用Photoshop软件调整产品实物参考图的不透明度，并画线标记重要的结构，这样可以更加直观地呈现产品的基本形态。

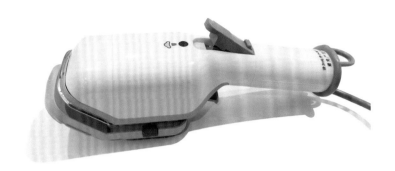

手持熨烫机产品实物参考图

4.3.1 正确理解产品实物透视图

1.产品实物线框图

在产品实物参考图上绘制线框图，粗红色实线为产品轮廓线，细红色虚线为结构线，蓝色虚线为截面线。绘制线框图可以准确地了解产品的结构和比例。

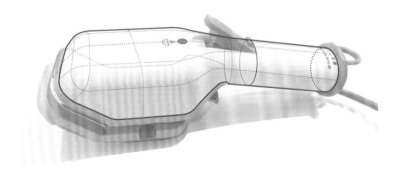

产品实物线框图

2.产品实物线框拆解图

绘制产品实物线框拆解图，可以清晰地看到此产品是由不规则的长方体与圆柱体组合而成的。

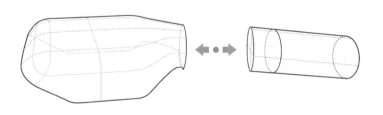

产品实物线框拆解图

4.3.2 逆向分析并绘制产品平面视图

结合前面对产品实物线框图和拆解图的分析，下面再逆向分析产品实物的平面视图。

1.产品实物的顶视线框图

观察产品的顶视图，会发现产品是对称的，设计师采用了对称与均衡的形式美法则。产品的细节处采用了倒角的形态，是用圆形与长方形相切出来的。借助这种设计方式去观察和思考，并总结出适合自己的设计方法。

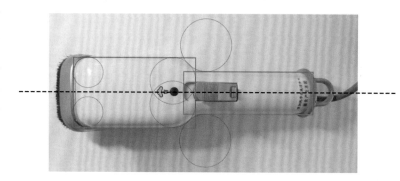

产品实物的顶视线框图

2.产品实物的侧视线框图

从产品的侧视图观察，设计师用设计方法中的"加减法"去掉了多余的部分（如图中红色实线所标部分），对产品基本形进行加工，再用圆形与长方形相切出每个倒角。

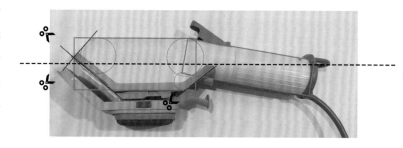

产品实物的侧视线框图

3.绘制产品的侧视图和俯视图

在正确理解两个平面视图后，可以用铅笔快速地将侧视图与俯视图绘制出来，并表现出关键转折点。

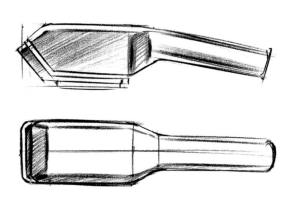

产品的侧视图和俯视图

4.3.3 产品的基本形分析与表现

结合对产品平面视图的分析，应用两点透视原理绘制产品的基本形。

01 绘制出长方体与圆柱体叠加的形态。

02 去掉多余的部分，在圆柱体与长方体的连接处做倒角，得到产品基本形。

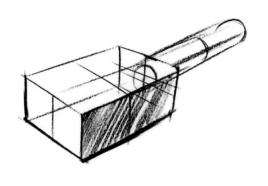

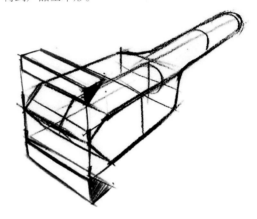

03 为产品做倒角，使形体更加符合产品特征。

04 添加细节部分与形体转折的光影，增强形体的立体感。

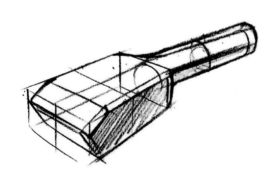

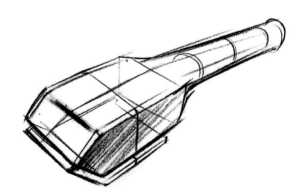

4.3.4 运用逆向思维绘制产品效果图

很多初学者在练习手绘时，总是一味地临摹范画，而忽略了对逆向设计思维的训练。前面分析了手持挂烫机的平面视图和基本形，下面进行逆向的手绘排版。

丰富画面：通过发散绘制出不同的造型形态，以手握产品的姿态为背景，衬托出产品的体量大小，然后绘制一些场景图说明使用意图。

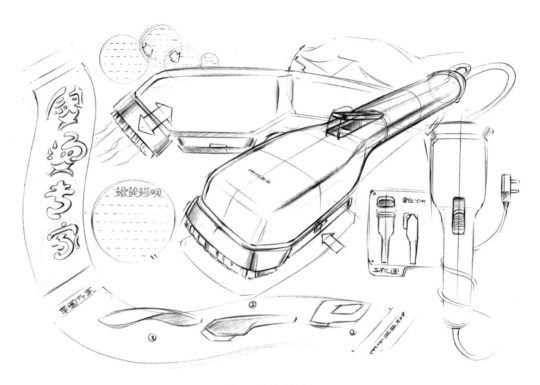

产品手绘线稿排版

　　配色方案：用蓝色与黄色这两种对比强烈的互补色烘托画面，用蓝色表现产品的塑料材质。用大块面的土黄色表现背景，衬托出产品的功能特点。

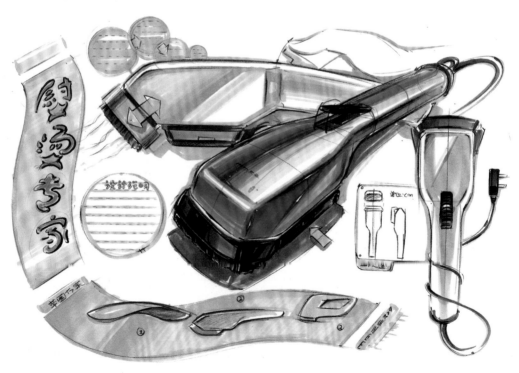

产品手绘马克笔上色图

05

第5章 工业产品设计手绘的表达形式

本章着重讲解工业产品设计手绘的光影表现方法、色彩搭配技巧、材质刻画方法和产品爆炸拆解图的绘制技法。快速运用基本的手绘表达方法呈现工业产品设计方案，是每位学习者必须掌握的核心技能。

5.1 工业产品设计手绘的光影表现

5.1.1 一点光源与平行光源的区别

光源在工业产品设计手绘和渲染图制作时非常重要。太阳光属于一点光源，由一个点向四周发射光线，光线呈散射状态。所以被照射物体距离光源越远，投影面积越小。

但因为太阳光离地球很远，到达地球时，太阳光与地球的夹角非常小，几乎可以认为是平行的，所以物体在平行光源照射下的投影不是很大。在绘制产品手绘图的光影时，常将光源设定为平行光源。

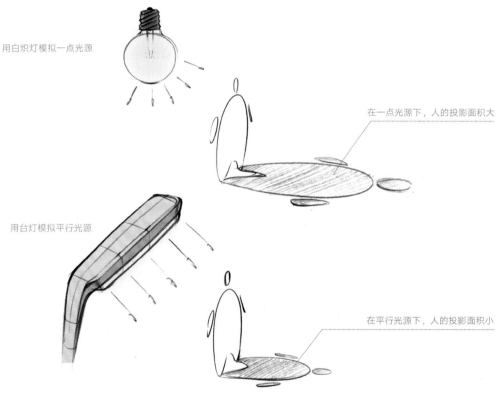

用白炽灯模拟一点光源

在一点光源下，人的投影面积大

用台灯模拟平行光源

在平行光源下，人的投影面积小

不同光源下的投影变化

5.1.2 平行光源环境下线、面、体的光影变化

1.线、面、体的光影变化原理

物体的投影形状是受平行光源的角度和方向所决定的，通过改变光源的方向和光源的角度，可以调整线、面、体的光影变化。

① 物体的投影形态受光源角度和方向的影响而变化，投影形态如图所示。

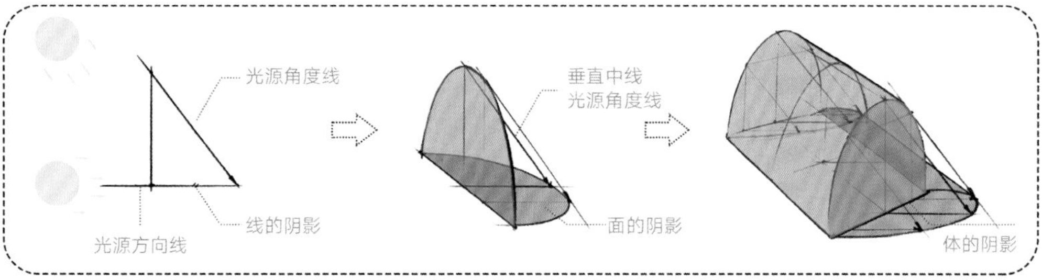

光源角度线
线的阴影
光源方向线

垂直中线
光源角度线
面的阴影
体的阴影

② 光源方向不变，光源角度变小，投影形态如图所示。

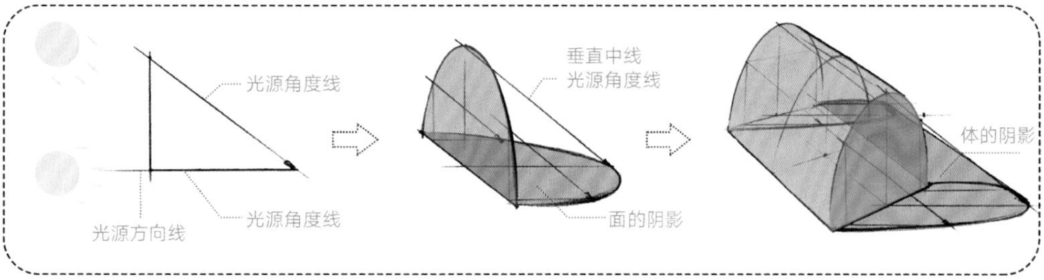

光源角度线
光源方向线
光源角度线

垂直中线
光源角度线
面的阴影
体的阴影

③ 光源方向改变，光源角度不变，投影形态如图所示。

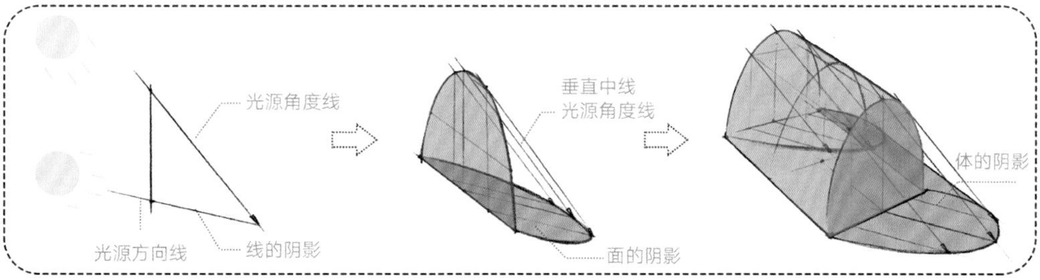

光源角度线
光源方向线
线的阴影

垂直中线
光源角度线
面的阴影
体的阴影

线、面、体的投影形态

2.基本形体的光影表现方法

实用投影法，需要先在物体的左上方或右上方设定一个光源，作为照射物体的主光源，再从物体的正上方打一束垂直光，这样呈现物体的光影效果更高效。

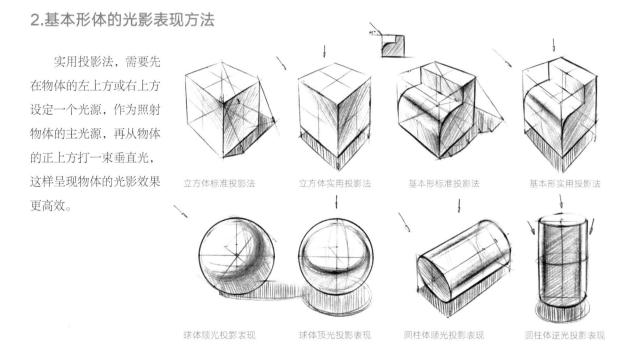

立方体标准投影法　　立方体实用投影法　　基本形标准投影法　　基本形实用投影法

球体顺光投影表现　　球体顶光投影表现　　圆柱体顺光投影表现　　圆柱体逆光投影表现

基本形体的光影表现

3.穿插形体的光影表现方法

在有两个光源的情况下，穿插形体的光影线稿表现和马克笔上色表现如下。

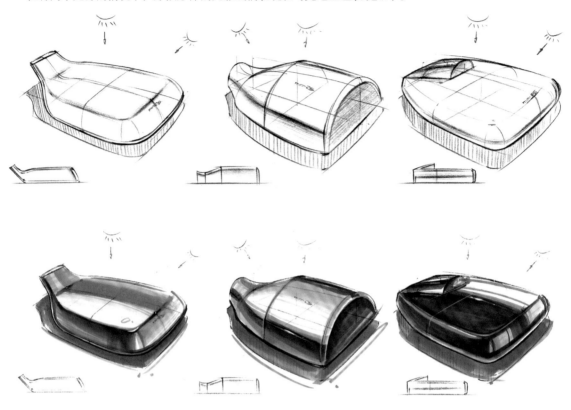

在两个光源下，穿插形体的光影表现

5.1.3　光影的绘制与误区

1.传统素描光影与工业产品设计手绘光影的表现对比

传统素描使用阴影排线的画法，虽然明暗面的过渡比较柔和细腻，但所用的时间较长，不适合快速表达。工业产品设计手绘中的光影主要起强调形体转折和衬托主体的作用，要求绘制速度快，线条要简洁、概括。

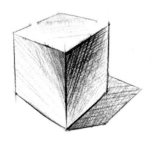

传统素描的光影表现

特点：交叉排线，过渡柔和

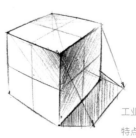

工业产品设计手绘的光影表现

特点：由深到浅，由密到疏，简洁、概括

2.正确与错误的光影表现排线方式

　　排线是否得当，会直接影响手绘图所要传达的信息。下面根据笔者多年的绘图经验，通过立方体的光影表现总结了正确与错误的排线方式。

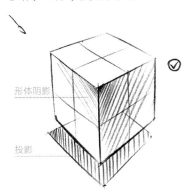

形体阴影

投影

物体的形体阴影排线与投影排线不平行且成一定的夹角

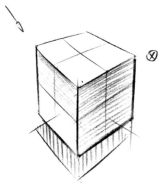

物体的形体阴影排线与结构线和轮廓线平行，削弱了产品结构线和轮廓线的效果

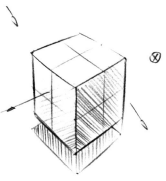

物体的形体阴影排线向外延伸，在视觉上会削弱物体的立体感

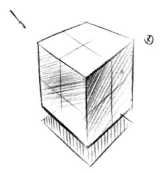

物体的形体阴影排线方向过于接近，面与面之间的对比不够强烈

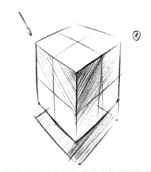

物体的形体阴影排线方向与投影排线方向一致，削弱了底边轮廓线的效果

5.1.4　产品倒角的光影表现

1.单次倒圆角的光影表现

　　光影在产品单次倒圆角处的作用，主要体现在形体的转折上。物体倒直角后形成的是结构线，物体倒圆角后形成的是结构线和结构面的组合。结构线主要通过线条来表达形体转折；结构面则通过光影效果来表达光影转折面。

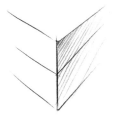

倒直角形成的结构线

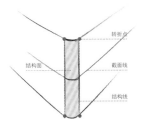

转折点

截面线

结构面

结构线

倒圆角形成的结构线和结构面

表现倒圆角的结构面时，要由上至下排线，并要贴合上下边缘；中间颜色深，往左右两侧结构线过渡的颜色变浅

在绘制结构面的光影
时，也有一些错误的表现
方式，如右图所示。

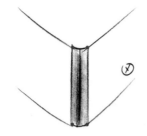
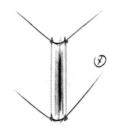
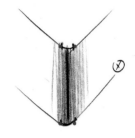

结构面两侧的结构线太粗，结构
面过渡不够自然

结构面的过渡面没有贴合上下
边缘

结构面的过渡面超出了左右结
构线

2.复合倒圆角的光影表现

复合倒圆角，是指将立方体或产品的每条棱都进
行倒圆角而形成的倒角面。那么该如何表现立方体的
复合倒圆角的光影呢？

首先，在相同光影下，通过对倒角的结构进行剖
析，发现倒角的结构面是由八分之一的球体和四分之
一的圆柱组合而成的。

其次，截取球体和圆柱体光影相拼接的部分就能
得到复合倒圆角的光影转折面。

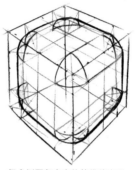

复合倒圆角立方体的线稿表现　　复合倒圆角立方体的光影表现

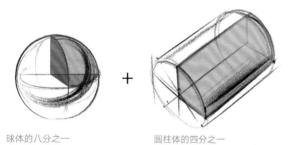

球体的八分之一　　　　　圆柱体的四分之一

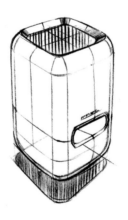

复合倒圆角产品的线稿表现和光影表现对比

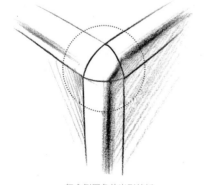

复合倒圆角的光影转折

复合倒圆角的表现

5.1.5 工业产品设计手绘光影表现示例

光影表现示例

5.2 工业产品设计手绘的色彩表现

色彩的三要素，分别为色相（色调）、饱和度（纯度）和明度，人眼看到的任何彩色光都是这3个要素综合影响的结果。本节将详细介绍工业产品设计手绘中的色彩表现方法。

5.2.1 工业产品设计手绘的色彩明度表现

1.色彩的明度

明度是指色彩的明暗程度，也称之为颜色的深浅度，通过明度变化可以表现色彩的层次感。在无彩色系中，白色的明度最高，黑色的明度最低。在黑白色之间存在一系列的灰色，靠近白色的部分称为明灰色，靠近黑色的部分称为暗灰色。任何一种彩色，当它加入白色时，明度提高；当它加入黑色时，明度降低。

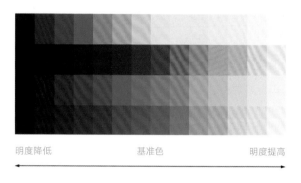

明度降低　　　　　　　　基准色　　　　　　　　明度提高

色彩的明度变化

2.不同明度立方体的手绘表现

在绘制产品时，从色彩的明度上来讲，白色到黑色之间的明度层次很丰富。下面以白色、灰色、深色3种不同明度的立方体为例，通过使用灰色系马克笔来表现光影关系。立方体的明度不同，所用到的马克笔色号也不一样。随着明度逐渐降低，明暗层次更丰富，使用的不同色号的马克笔也越多。

绘制白色立方体使用268号、270号、271号冷灰色的马克笔，使用262号暖灰色马克笔绘制投影。

绘制灰色立方体使用270号、271号、272号冷灰色的马克笔，使用263号、264号暖灰色马克笔绘制投影。

绘制深色立方体使用271号、272号、273号、274号、191号冷灰色的马克笔，使用264号、265号马克笔绘制投影。

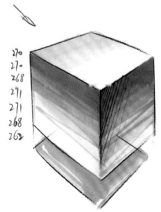

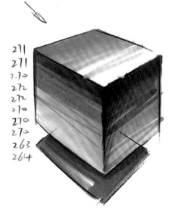

3.不同明度产品的手绘表现

参考不同明度立方体的对比效果，使用马克笔绘制同一个产品从白色到灰色再到深色的不同明度效果。

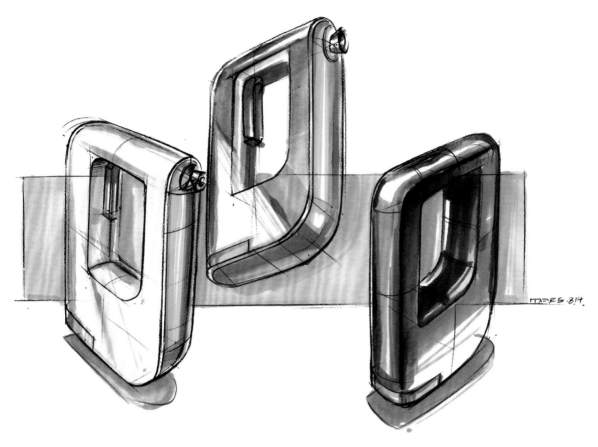

不同明度产品的手绘表现

5.2.2 工业产品设计手绘的色相表现

1.色彩的色相

色相是指色彩的相貌，也称之为色调。色相是颜色最基本的特征，色相的不同是由可见光的波长差别所决定的，如波长最长的是红光，最短的是紫光。例如，在24色色相环中选取黄色为基本色，按顺时针或逆时针方向都可以找到与之搭配的颜色。

同类色（与基本色相距15°）：淡绿的黄色或淡黄的橙色，同类色的色相基本一致。

类似色（与基本色相距30°）：黄绿色或黄橙色，类似色的色相对比不强。

邻近色（与基本色相距60°）：绿色或橙色，在视觉上比较接近的颜色。

中差色（与基本色相距90°）：蓝绿色或橙红色，绿色或橙色，与黄色搭配很有张力。中差色配色是非常个性化的配色方式，色彩对比效果比较明快，深受人们喜爱。

对比色（与基本色相距120°）：蓝色或红色，与黄色搭配对比效果较强。把对比色放在一起，视觉效果饱满、华丽，让人觉得欢乐、活跃。

互补色（与基本色相距180°）：紫色，与黄色搭配视觉效果强烈且刺激，色彩对比最强。

基本色：0°
同类色：15°
类似色：30°
邻近色：60°
中差色：90°
对比色：120°
互补色：180°

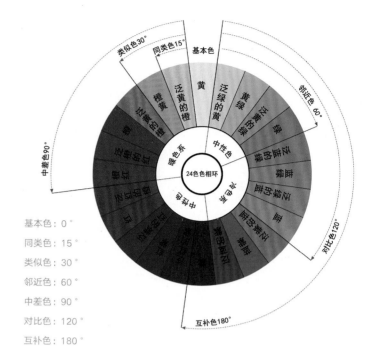

24色色相环

2.工业产品设计手绘中的色相搭配对比

合理的色相搭配对于产品手绘效果图是十分重要的。下面设定一款产品的主体用160号泛黄的橙色马克笔来表现，通过6种配色来呈现产品手绘的配色原理和效果。

同类色、类似色作为背景色，背景与产品主体混在一起，不能凸显出产品主体。

同类色搭配

产品主体用160号马克笔，背景用177号马克笔

类似色搭配

产品主体用160号马克笔，背景用8号马克笔

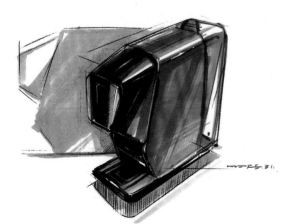

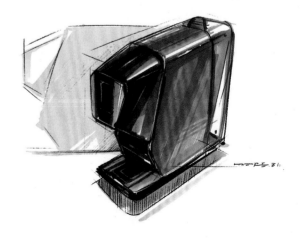

邻近色、中差色作为背景色，背景与产品主体的对比效果比较柔和，但也能凸显产品主体。

邻近色搭配

产品主体用160号马克笔，背景用24号马克笔

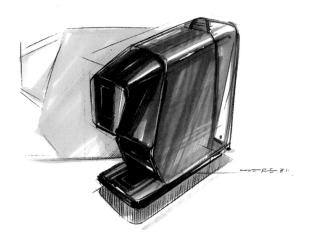

中差色搭配

产品主体用160号马克笔，背景用228号马克笔

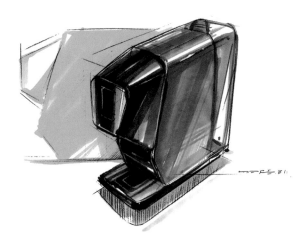

互补色、对比色作为背景色，背景与产品主体的对比效果非常明显，产品主体的颜色显得很鲜明。

互补色搭配

产品主体用160号马克笔，背景用237号马克笔

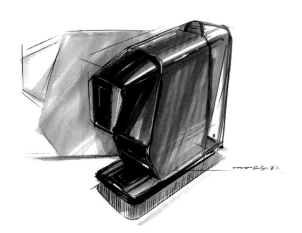

对比色搭配

产品主体用160号马克笔，背景用68号马克笔

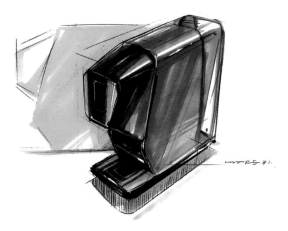

在绘制产品手绘图时，选用产品主色的互补色和对比色作为背景色，更能衬托产品。

5.2.3 工业产品设计手绘的色彩纯度表现

1.色彩的纯度

纯度是指色彩的鲜艳度，又称为饱和度、含灰度。设定基准色的纯度最高，纯度越高，色彩越纯；纯度越低，色彩越灰。

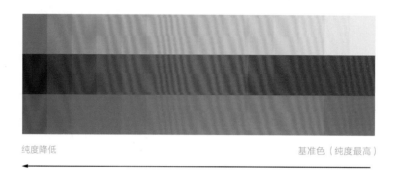

纯度降低   基准色（纯度最高）

色彩纯度对比

2.产品设计手绘中不同纯度的颜色搭配对比

下面是一款主体颜色为橙黄色的咖啡机，为其背景搭配互补的蓝色最为恰当。用纯度较高的蓝色作背景，虽与咖啡机形成互补，但画面色彩过于跳跃，反而减弱了产品的效果。用纯度较低的蓝色作背景，既与咖啡机形成互补，又将视觉中心聚焦在了主体物上。

背景为纯度较高的蓝色   背景为纯度较低的蓝色

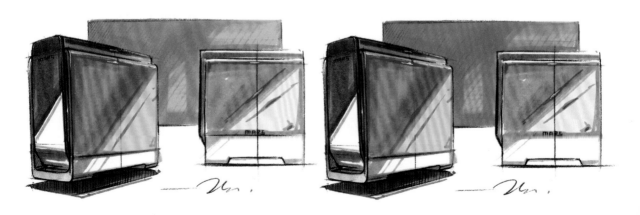

产品设计手绘中不同纯度的颜色搭配对比

5.2.4 工业产品设计手绘色彩三要素的综合表现示例

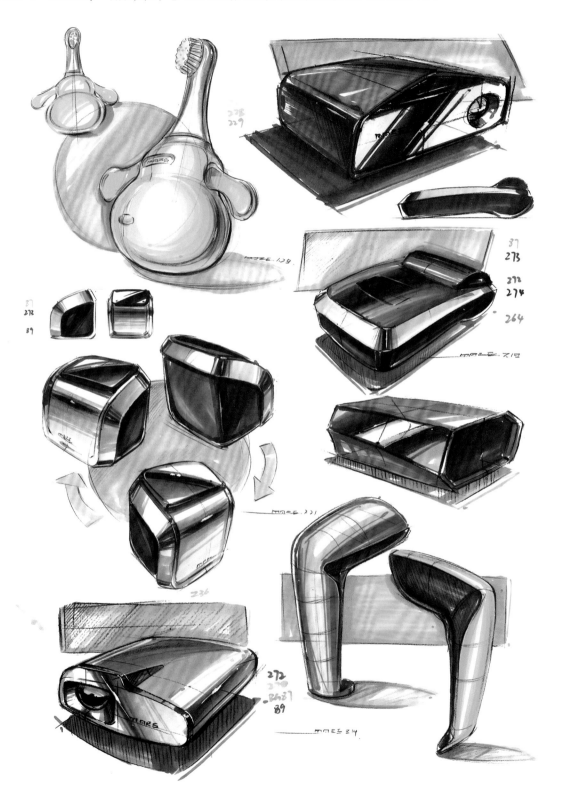

工业产品设计手绘中色彩三要素的综合表现示例（一）

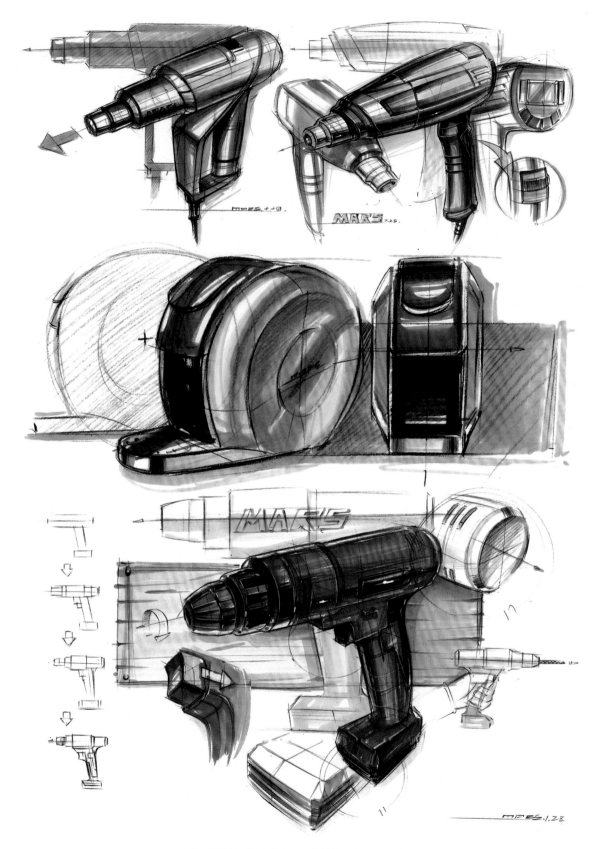

工业产品设计手绘中色彩三要素的综合表现示例（二）

工业产品设计手绘的材质表现

5.3.1 不同材质圆柱体的表现

圆柱体既有立方体的硬朗，又有球体的曲面属性，下面通过绘制不同材质的圆柱体来详细介绍不同材质的手绘表现技巧。

1.金属材质圆柱体的表现

金属材质受环境的光线影响最为突出，明暗关系上呈现出强反光、强对比的特性，易反射出环境的颜色。在工业产品设计手绘中，通常将环境概括为蓝天、白云、地平线、地面4个部分。

金属材质的特点：亮面与暗面高度集中，灰面较少，亮面有天空的蓝色，暗面有地面的黄色，明暗对比和颜色对比都比较强烈。

01 用399号辉柏嘉彩铅绘制一个平放的圆柱体。

02 用272号马克笔的宽头以侧锋绘制转折面。

03 用240号马克笔的宽头以侧锋在亮部区域绘制蓝天在圆柱体上反射的颜色。

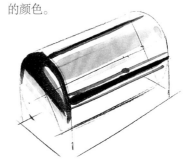

04 用246号马克笔的宽头以侧锋绘制出地面反射在圆柱体暗部的土黄色。

05 用241号、248号、274号马克笔分别在相对应的颜色区域加强形体转折。

06 用高光笔在黑色转折处绘制高光，增强金属质感。

2.高光塑料材质圆柱体的表现

高光塑料材质的特点：与金属材质的产品相比，高光塑料产品的灰面层次更丰富，亮面区域留白较少，暗面区域的反光面也比较少。

01 用399号辉柏嘉彩铅绘制一个平放的圆柱体。

02 用272号马克笔的宽头，按照形体走向平铺明暗转折面的颜色。

03 用271号马克笔的宽头刻画向上和向下转折处的过渡效果。

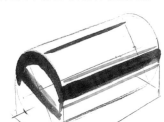

04 用273号马克笔的宽头以侧锋在形体转折处加深，让深色转折面更加集中。

05 用263号马克笔绘制投影，以形成冷暖对比效果。

06 用270号马克笔的细头刻画亮部到暗部区域的过渡效果，再用白色彩铅绘制转折处的高光。

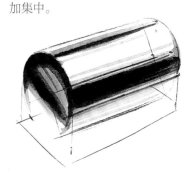

3.哑光塑料材质圆柱体的表现

相对高光塑料材质的产品而言，哑光塑料材质产品的亮部没有留白，受光面到暗面转折形成的灰面层次更丰富，过渡更自然。

01 用399号辉柏嘉彩铅绘制一个平放的圆柱体。

02 用272号马克笔的宽头，按照形体走向平铺明暗转折面的颜色。

03 用271号马克笔的宽头刻画向上和向下转折处的过渡效果。

04 用270号马克笔在白色区域完全铺色，不留白底，再用263号马克笔绘制投影，以形成冷暖对比效果。

05 用271号马克笔继续铺色，让色块过渡更自然。

06 画好哑光塑料材质的圆柱体后，用白色彩铅和肌理板在转折面画出凹凸面，以表现具有防滑特性的质感。

4.木材质圆柱体的表现

木材质自然的纹路给人以亲切感，在家居类产品中运用较多。木材质产品的底色多以暖色系的黄棕色为主，表现方式与哑光塑料材质的产品一致，最后用铅笔随着透视绘制出木材的纹路即可。

01 用399号辉柏嘉彩铅绘制一个平放的圆柱体。

02 用168号马克笔的宽头按照形体走向平铺明暗转折面的颜色，再用167号马克笔快速画出转折面到亮面和暗面的过渡色。

03 用272号马克笔的宽头绘制投影，以形成冷暖对比效果。

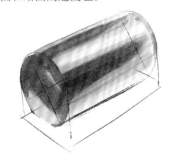

04 用165号马克笔的宽头在转折面的集中转折区域加深。

05 用271号马克笔的宽头在暗面的转折处加深。

06 用黑色彩铅和白色彩铅随着形体的透视转折绘制木材的纹路。

5.玻璃材质圆柱体的表现

玻璃材质是具有透明属性的材质，包括透明亚克力、透明硅胶、传统玻璃等。玻璃材质的商业用途较广泛，多用在产品的某个部件上。

玻璃材质的特点：强反光、强对比，通透性和折射性强。

01 用399号辉柏嘉彩铅绘制一个平放的圆柱体。

02 轮廓与壁厚的颜色最深，用272号马克笔的宽头以侧锋绘制出边缘。

03 用272号马克笔在形体的明暗转折处铺色。

04 用271号马克笔的宽头，以拖笔的方式快速为转折面铺色。

05 用263号马克笔绘制投影，投影需要留白，以表现玻璃材质的通透感。

06 用高光笔在结构线与暗部转折处点出高光，使玻璃材质的反光感更强。

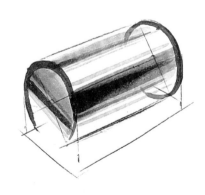

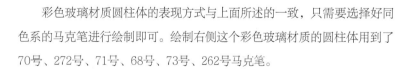

彩色玻璃材质圆柱体的表现方式与上面所述的一致，只需要选择好同色系的马克笔进行绘制即可。绘制右侧这个彩色玻璃材质的圆柱体用到了70号、272号、71号、68号、73号、262号马克笔。

彩色玻璃材质圆柱体

5.3.2 不同光源环境下球体的材质表现

球体的材质表现，主要注意其轮廓的绘图是否标准，不然笔触再好也都是徒劳的。大家平时需要注意前面的正圆和球体的练习。

1.顺光环境下球体的材质表现

01 绘制一个圆形，设定光源在左侧，球体的明暗转折面和投影在右侧。

02 用CG272号灰色马克笔的宽头从转折面开始铺色，笔触中间宽、两头细，铺色时不要贴到边缘线，要留出反光面。

03 用CG271号灰色马克笔的宽头绘制从转折面到亮部的过渡效果，用笔要快速果断。

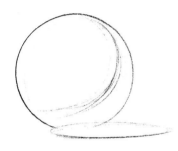

04 用CG270号灰色马克笔的宽头绘制从转折面到亮部的过渡效果，要保证笔触流畅，并使亮部形成一个圆形。

05 用CG269号灰色马克笔的宽头继续刻画过渡效果。

06 待马克笔的颜色风干后，再用CG273号马克笔的宽头加深转折面；用白色彩铅在暗部转折面上绘制高光点，强化球体的质感；用YG263号马克笔的宽头绘制出投影，以衬托球体。

2.逆光环境下球体的材质表现

01 绘制一个圆形，设定光源在球体的背面。为了突出球体的形态，可以先绘制出与顺光环境下相同的球体转折面。

02 背光环境下的球体周边为亮面，中间为暗面。用CG272号灰色马克笔的宽头从上面逆时针铺色，笔触中间粗、两头细，画出球体上面的转折面和中间的转折面。

03 因为地面会在球体的暗面反射出一个反光面，所以用CG271号灰色马克笔的宽头自上而下快速运笔为反光面铺色。

04 用CG270号灰色马克笔的宽头为过渡面铺色。

05 用CG269号灰色马克笔的宽头在空白处铺色。

06 在马克笔的颜色未风干时，用CG273号马克笔的宽头加深转折面；用白色彩铅在暗部转折面上绘制出高光线，强化球体的质感；用YG263号马克笔的宽头绘制出投影，以衬托球体。

3.不同光源环境下不同材质球体的手绘表现对比

在用马克笔绘制不同材质的球体时，要随形体的转折去运笔铺色。

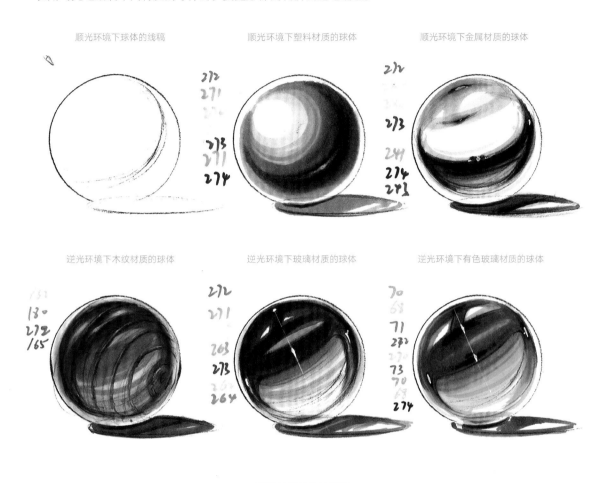

顺光环境下球体的线稿　　　　顺光环境下塑料材质的球体　　　　顺光环境下金属材质的球体

逆光环境下木纹材质的球体　　　　逆光环境下玻璃材质的球体　　　　逆光环境下有色玻璃材质的球体

不同材质球体的表现

5.3.3　穿插形体的材质表现

使用马克笔绘制球体与圆柱体穿插而成的产品最具有代表性，下面通过绘制顺光和背光两种环境下的产品手绘图，来讲解材质的表现效果和光影变化效果。

1.顺光环境下穿插形体产品的材质表现

这里的运笔方式与前面画球体的方式一致，主要考虑球体的投影在圆柱体手柄上的位置和形状。整个产品的材质设定为灰色的塑料，扣件是金属的，摄像头是玻璃的，上色时需要注意表现材质的特性和运笔方向。

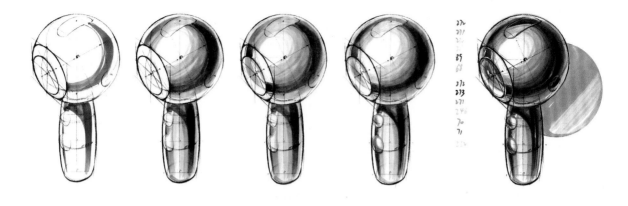

顺光环境下穿插形体产品的材质表现

2.逆光环境下穿插形体产品的材质表现

使用逆光环境下球体的材质表现方法绘制产品手绘图，要表现出产品材质的通透性。

逆光环境下穿插形体产品的材质表现

5.3.4 不同材质产品实物的手绘表现

1.金属材质门把手的绘制技巧

金属门把手是比较常见的五金类产品，下面遵循金属材质强反光、强对比的特性，按步骤呈现金属材质门把手的绘制技巧。

01 绘制线稿，通过线稿也能表现出金属质感。

02 用CG272号灰色马克笔在明暗转折面上快速反复运笔叠色；再分别用240号蓝色马克笔和246号土黄色马克笔在亮面和暗面上快速铺色，表现天空和地面颜色。

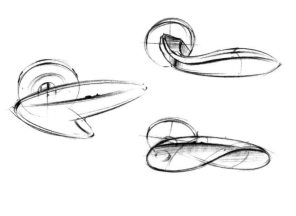

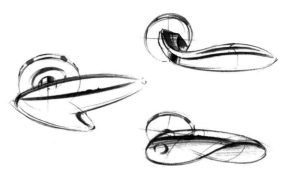

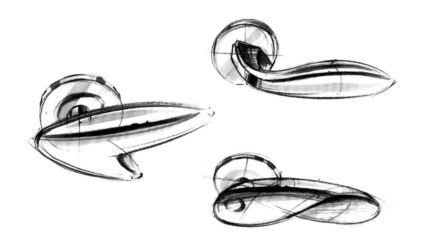

03 增强对比，用CG274号灰色马克笔在明暗转折面上着色，用241号蓝色马克笔在亮部相同色相区域叠色，使之前铺的颜色过渡柔和且有层次感；用248号土黄色马克笔在明暗转折面以下的相应区域快速运笔铺色。

04 用243号蓝色马克笔增强亮面的转折，用高光笔在转折处点出高光。

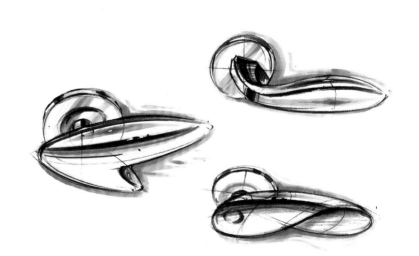

2.塑料材质毛发修剪器的绘制技巧

个人护理产品——毛发修剪器，基本形体是圆柱体，可以根据前面所讲的材质在圆柱体中的表达方式，转移到此款产品的马克笔材质上色之中。

01 绘制出3种不同角度的产品图线稿，展示出产品的不同信息。

02 设定光源方向，并设定修剪器的主要材质为高光塑料，用70号马克笔和247号马克笔按照形体的转折快速铺色，用272号马克笔绘制尾部的哑光配件和前部的高光配件。

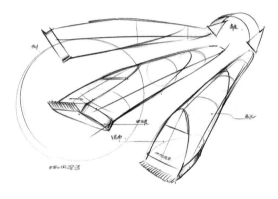

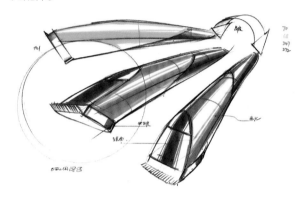

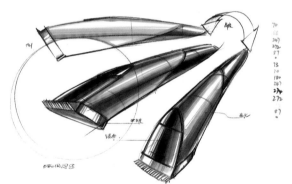

03 用68号马克笔和180号马克笔在相应的暗部转折处加深，点出高光。

04 用206号马克笔绘制背景，烘托主体物。用白色彩铅在部件之间的接缝处绘制高光线，用白色修正笔在曲面的转折处绘制高光点，使产品更有光泽和质感。

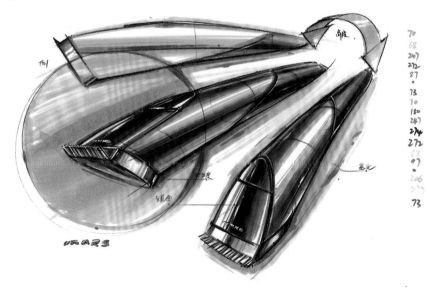

3.木纹材质小摆件的绘制技巧

　　本例绘制的小摆件是一个异形体，可采用逆光的效果呈现产品的固有色，用马克笔上色时要随形体的变化而变化。

01 用流畅的曲线绘制小摆件的线稿图，采用逆光的效果来呈现明暗关系。

02 用168号马克笔从形体转折处开始铺色。

03 用169号马克笔为转折面铺色，转折面暗部更深，用240号淡蓝色马克笔画出背景，使整个画面的颜色形成对比。

04 用铅笔随形体勾勒出木纹纹理，用168号马克笔在中间区域描出纹理的形状，运笔要顿挫有序。再用169号马克笔增强转折处，用白色铅笔在转折处最暗的区域画出高光线，最后用高光笔在高光线上点出最亮的高光点。

4.玻璃材质莱茵瓶的绘制技巧

莱茵瓶也属于异形体，也可采用逆光环境下透明球体的表现技法来绘制。

01 用铅笔绘制莱茵瓶侧视图的线稿。曲面轮廓转折处要加深加粗，形成一种松紧有度的效果。用177号马克笔刻画瓶子里面的液体和内部形态，要按形体的转折铺色。

02 莱茵瓶的瓶壁颜色最深，用273号马克笔的笔锋表现出壁厚。

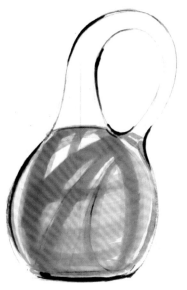

03 用271号马克笔在没有液体的玻璃转折处画出过渡效果，用160号马克笔在液体的明暗转折处随形体反复叠色，用161号马克笔在主要的转折处进一步叠色。

04 用234号和235号马克笔画出淡蓝色的球体水泡作为背景，衬托出莱茵瓶玻璃折射的质感。用黑色铅笔整理轮廓，用白色铅笔和高光笔点高光。

5.3.5 产品的材质搭配及表现示例

在产品设计或制造过程中，考虑到功能和美观等方面的问题，会将大多数产品的外观设定为两种或两种以上的材质。在练习手绘时，可以参照产品实物图自行搭配产品的材质。

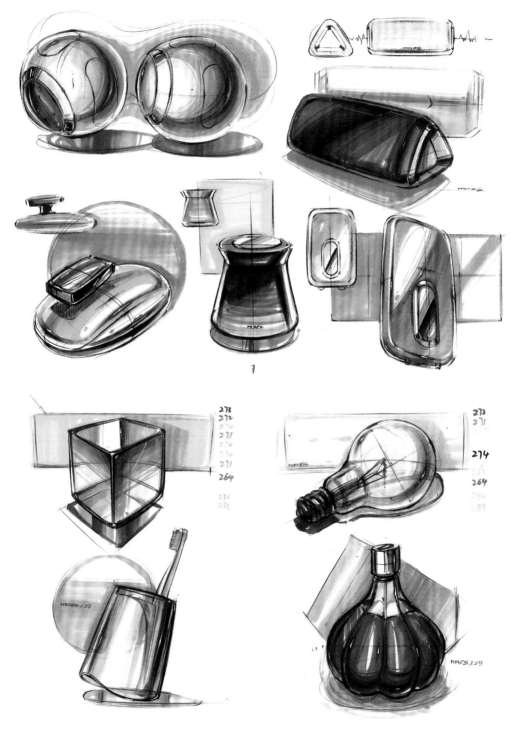

产品的材质搭配及表现示例（一）

产品的材质搭配及表现示例（二）

5.4 工业产品设计手绘爆炸图

5.4.1 工业产品设计手绘爆炸图的意义

动手能力对于每一位设计工作者而言都是必不可少的，学习绘制手绘爆炸图的意义不只是为了展示表现技法，还要善于通过拆解产品的实物来分析产品的内部结构。用游标卡尺测量内部元器件的尺寸，并善于提出问题，如为什么有的产品塑料壁厚有2.5mm，而有的产品塑料壁厚却只有1.2mm。之后自行查找资料或与他人沟通，这样在学习手绘之外还间接地拓展了自己的知识面。

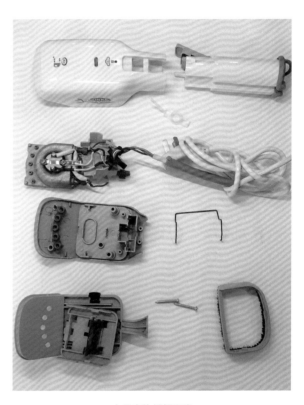

游标卡尺   产品实物拆解示意

5.4.2 工业产品设计手绘爆炸图的布局及表现

恰当的手绘爆炸图排版布局，能够最大限度地展示产品的细节。常用的手绘爆炸图布局有上下纵深排布和左右纵深排布两种，下面通过案例分别讲解。

1.上下纵深排布

上下纵深排布的手绘爆炸图便于展示产品各个部件的装配状态，适合表现需要上下装配的产品。下面展示一款蒸汽挂烫机的手绘爆炸图绘制步骤。

01 确定关键部件的大概位置，以面的形式呈现。

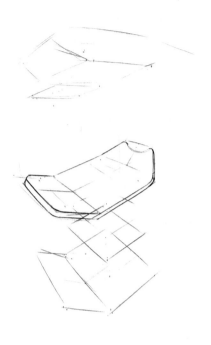

02 由面变成体，展现出每个部件的壁厚。

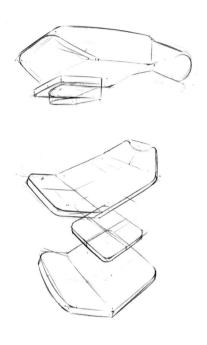

03 画出各部件上的细节，注意按照透视比例绘制。

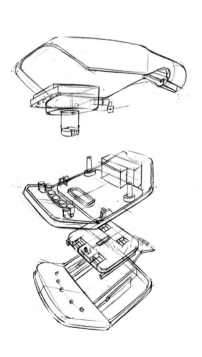

04 主要部件绘制完成后，再将毛刷配件和一部分隐藏在内部的产品细节绘制出来。

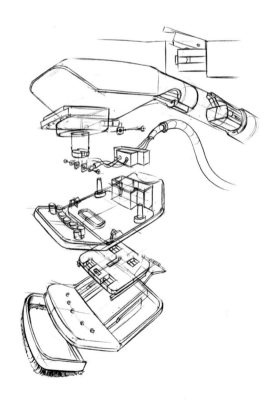

05 版面布局，绘制出标题和每个部件的说明（通常以名称、材质、颜色、工艺等为主）。

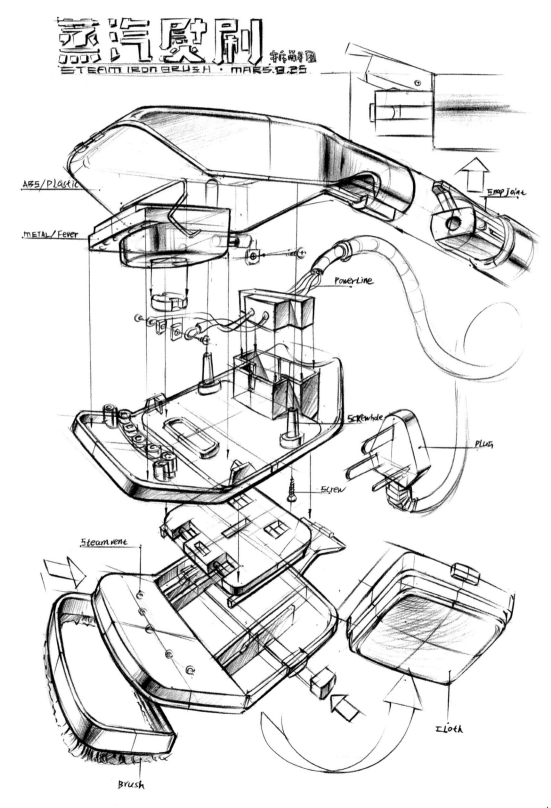

06 用马克笔上色，表达出材质的质感和形体的转折即可。

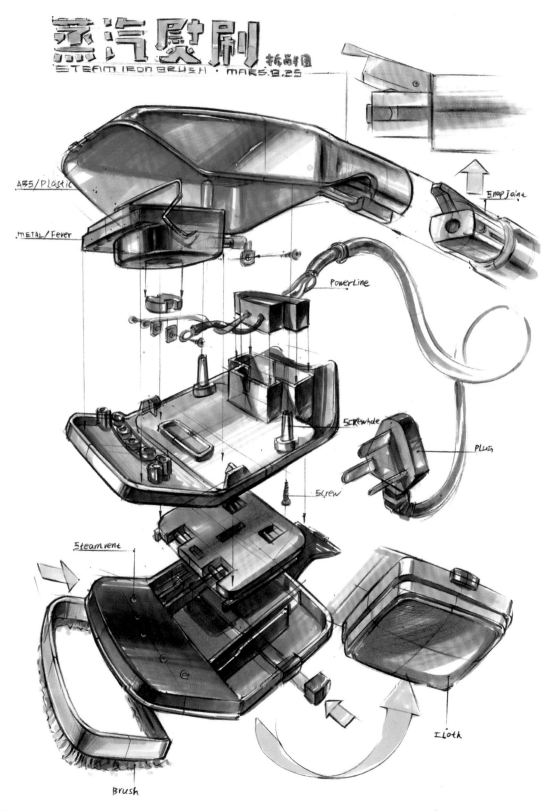

2.左右纵深排布

左右纵深排布是将产品的外壳分布在左右两边，中间合理排布内部元器件，适合表现需要左右装配的产品。下面以一款医疗器械为例，展示左右纵深排布手绘爆炸图的绘制步骤。

01 画出垂直的中轴线，以此作为参考线，绘制出每个部件的基本形体。

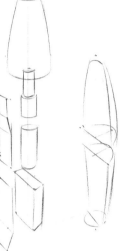

02 设定光源，绘制转折面，表现出形体的明暗关系。

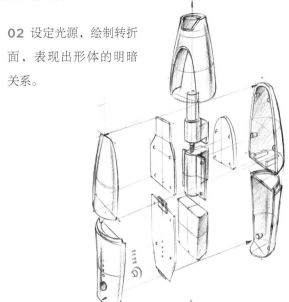

03 在每个部件旁边标注相应的内容。

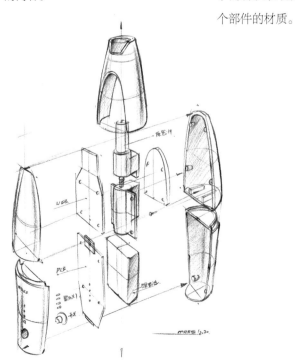

04 用马克笔上色，根据前面所学的材质表现方法，区别刻画每个部件的材质。

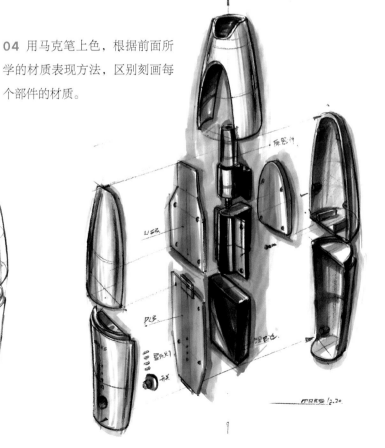

3.工业产品设计手绘爆炸图示例

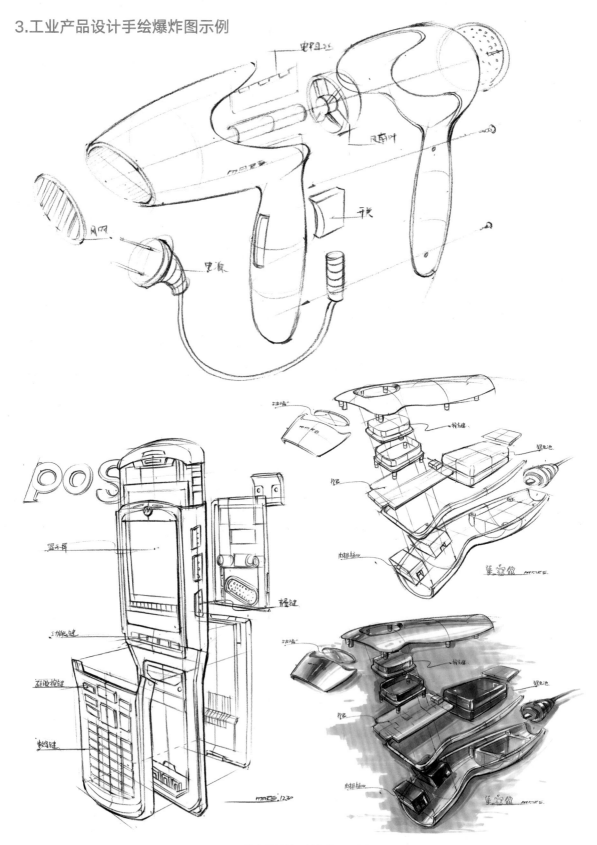

工业产品设计手绘爆炸图示例

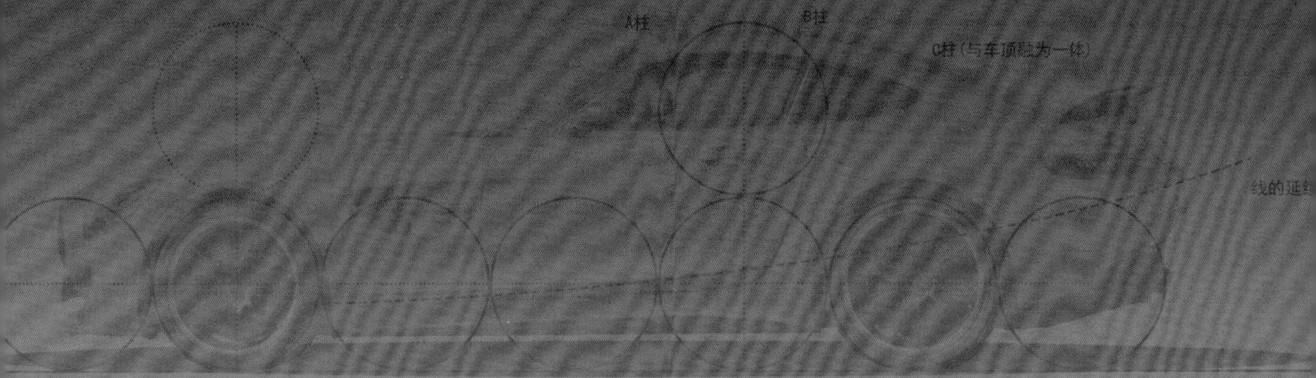

06

第6章　工业产品设计手绘效果图绘制实例

本章的实例先对已有的产品实物进行剖析，通过逆向思维分析各个产品的造型设计特点。本章对厨房用品、家居生活用品、个人护理用品、工程器械产品和交通工具等不同类别的实物进行详细剖析，使学习者了解不同品类产品的属性和造型语言。此外，通过运用铅笔、马克笔等工具将产品的材质、光影、透视、比例等综合表现在产品效果图中，使学习者逐步掌握产品效果图的绘制方法。

6.1 手持扫描仪效果图绘制

1.产品介绍

手持扫描仪（Personal Digital Assistant），又称PDA，一般分为工业级和消费级两类，工业级的主要有条形码手持扫描仪和NFC手持中距离一体机等。本例绘制的为工业级条形码手持扫描仪。

实物参考图

2.基本形剖析

01 通过实物参考图了解到手持扫描仪的显示区域与信息采集区域为一个接近90°弯曲变形的长方体。

02 在已绘制的基本形的中线（截面线）上绘制出圆柱体的手柄。

03 侧视图往往能更清晰地呈现每个部件之间的比例关系。

04 在形体转折处绘制转折面，表现出基本形的光影关系。

3.绘制步骤演示

01 绘制出一个呈两点透视的平面，将透视中线引至下端。

02 以中线作为辅助线，按照透视与比例关系，使面向内偏移成体。

03 通过中线，在透视辅助线对应的位置画出手柄。

04 不要急于刻画细节，先绘制使用示意图，呈现手持扫描仪的状态。

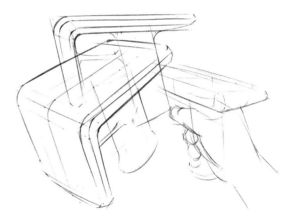

05 对扫描仪有了一定的了解后，逆向发散推画出不同的设计形态，丰富版面。

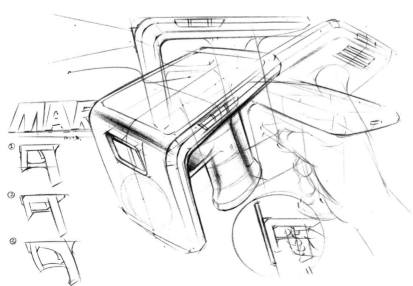

06 马克笔上色，用236号蓝色马克笔快速运笔，表现出屏幕强反光的质感。用CG272号灰色马克笔在形体转折处铺色。

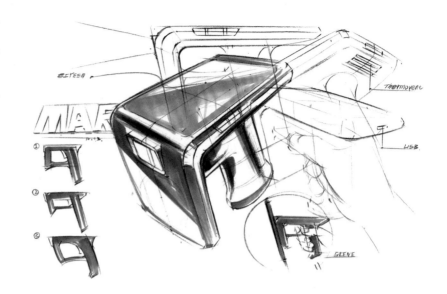

07 用相对应的、同色系的深一色号的马克笔加深形体的转折，用绿色马克笔绘制出配件。

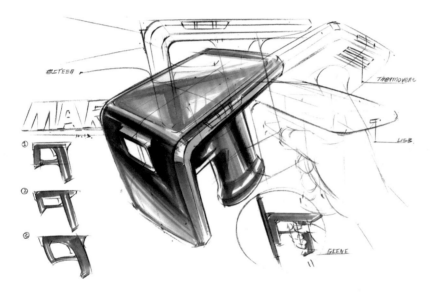

08 逐一绘制周边的配图，背景采用YG262号暖灰色马克笔着色，使整个画面形成冷暖对比的效果。

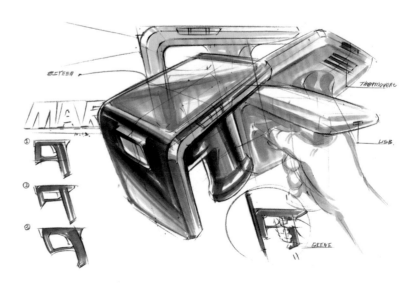

09 第一遍铺的颜色水分被纸吸收后会变淡，在相应的位置上用同一色系的深一色号的马克笔再次铺色，着重加深转折处，使明暗对比更强，画面更有层次感。

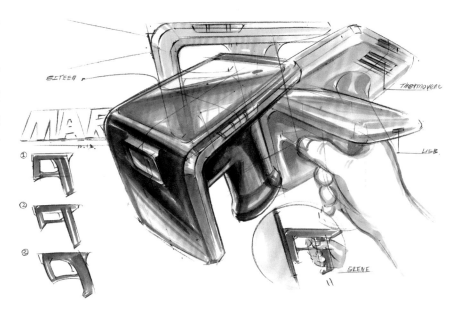

10 刻画细节，用高光笔在结构转折处和屏幕转折处点缀出高光，表现出玻璃的质感。用不同色系的淡蓝色马克笔围绕着形体的背景快速铺色，这样可使画面更加整体。

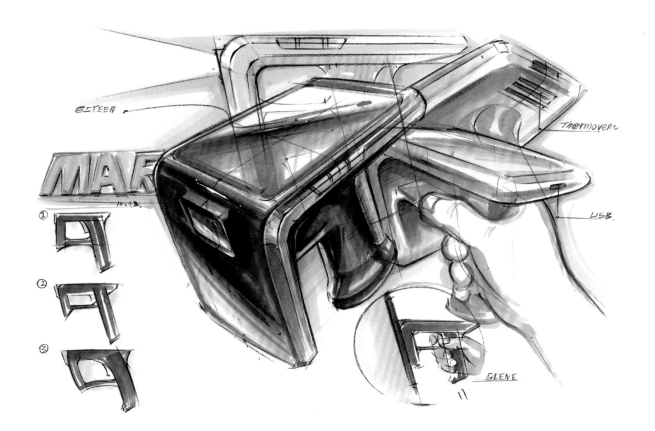

6.2 电动打蛋器效果图绘制

1.产品介绍

　　打蛋器，对于经常下厨的人来说并不陌生，用它可以将鸡蛋的蛋清和蛋黄打散，也可以搅拌黏稠的食材。常用的打蛋器分为手动的和电动的两类，本例示范的是电动打蛋器的效果图绘制。

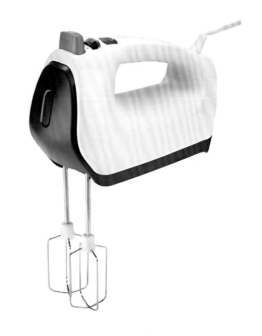

实物参考图

2.基本形剖析

01 分析这个产品的基本形，侧视图最能呈现该产品的形态特征，运用"加减法"将矩形之外的部分"剪"掉，得出基本形的轮廓。

02 参照实物图的比例，将产品的部件细节绘制出来。

03 用马克笔着色，区分出每个部件。

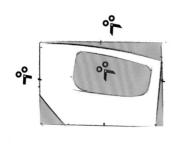

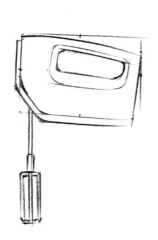

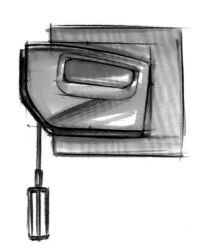

3.绘制步骤演示

01 用辉柏嘉399号彩铅按两点透视的原理将产品的大体透视轮廓勾勒出来。

02 参考实物图，注意比例与透视关系，将产品的部件大致绘制出来。

03 以主体部分为参照，将小部件的形体绘制出来。然后绘制出一个呈仰视角度的产品主体作为背景。

04 注意版面左右要均衡，在右边绘制出一个功能区域，用文字表明细节和产品功能。

05 丰富版面，增加文字以及形态推敲方案图。

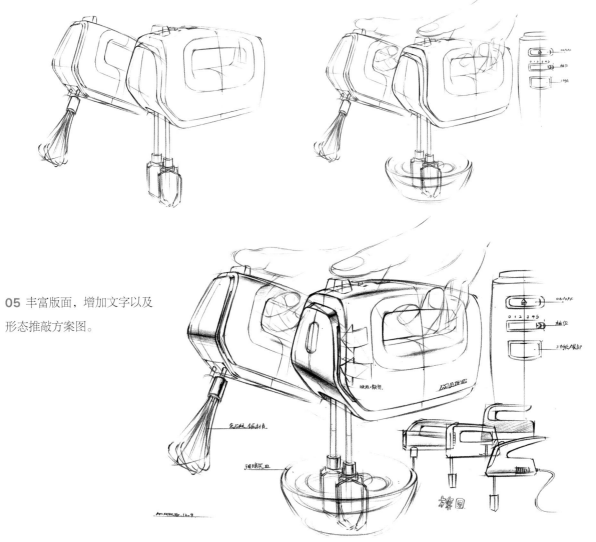

06 马克笔上色，用226号和70号马克笔以快速拖笔的方式分别表现出前后产品的高光塑料材质；用272号灰色马克笔绘制出产品上的黑色塑料材质。这个阶段主要是给产品主体铺色，着重表现形态转折。

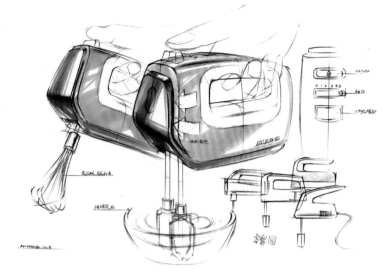

07 用178号和71号马克笔加深形体的转折部分，突出高光塑料材质的强反光和强对比的特性；用262号和272号马克笔表现产品握持部分的塑料材质。此阶段主要是突出表现产品材质的特性和颜色搭配。

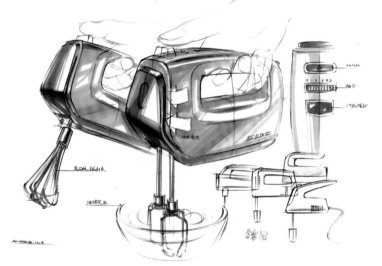

08 用156号和72号马克笔加深相应的形体转折部分，用273号马克笔加深黑色塑料部件的转折。再使用灵活的笔触绘制出鸡蛋的形态。

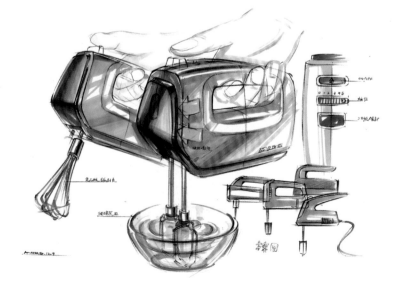

09 用239号和240号蓝色马克笔绘制背景，衬托主体。

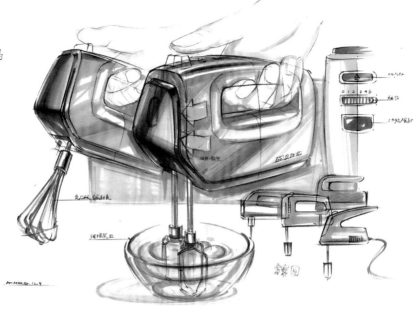

10 用霹雳马PC938号白色彩铅在塑料部件的转折处绘制高光线，凸显塑料的质感。用高光笔在玻璃容器上绘制高光，强化玻璃的质感。

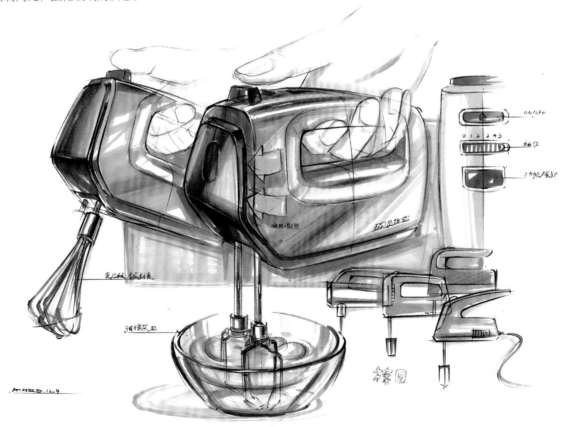

6.3 摩托车手套效果图绘制

1.产品介绍

驾驶摩托车专用的手套属于运动手套的一种。优质的摩托车手套需要具备较强的耐磨性、防水性和透气性。在绘制摩托车手套效果图的过程中，可以对产品进行再设计。

实物参考

2.基本形剖析

01 想画好一个手套，需要先了解手的结构和比例，中指大致为整个手长的1/2，每个手指都有近节指骨、中节指骨和远节指骨。

02 用基本形体块概括的方法解析手的结构，手掌为梯形体，手指为圆柱体。

03 手指张开与闭合时，方向是不一样的。张开时，手指向外呈扇形发散；闭合时，手指则向手心聚集。

04 在画不同角度的手套时，将手的基本形体按相应角度旋转即可。

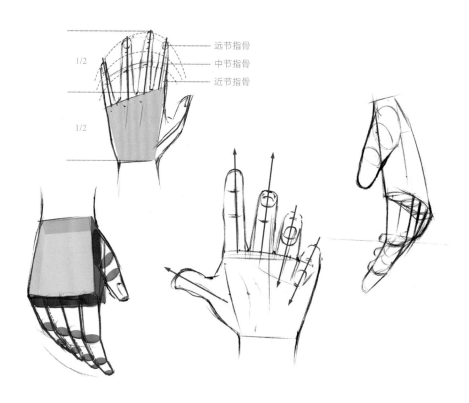

远节指骨
中节指骨
近节指骨

3.绘制步骤演示

01 根据实物参考图和对手的结构解析绘制出3个呈透视效果的手部基本形。

02 参考实物图区别表现各部件的造型特征，在绘制的过程中要考虑手套的造型，可以依据手的关节进行细节设计。

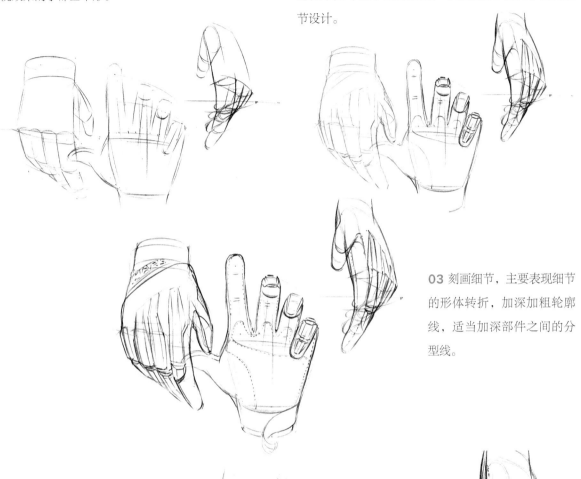

03 刻画细节，主要表现细节的形体转折，加深加粗轮廓线，适当加深部件之间的分型线。

04 进一步刻画细节，丰富画面。绘制基本形手势，强化与手套的关联性。刻画细节纹理，用虚线画出布纹的缝线；用勾线画出手腕部位的魔术贴，增强细节特征。

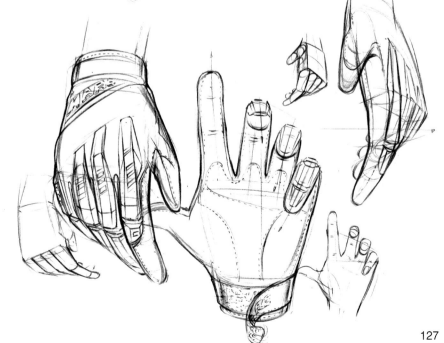

05 马克笔上色，用CG273、CG271、YG263、248号马克笔依据手势的形体转折分别进行铺色。

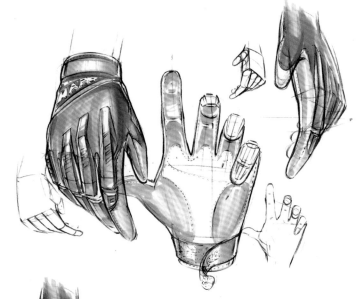

06 用YG262号马克笔的宽头加强基本形手势的明暗关系。

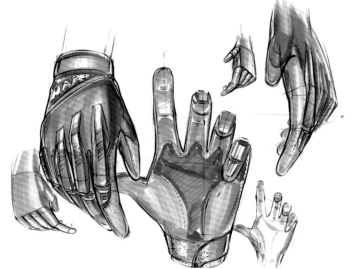

07 用264号马克笔的宽头加深手部的转折面，增强明暗对比。用263号马克笔快速铺出手套背部的色块，用273号马克笔绘制出手掌转折处的纹理。

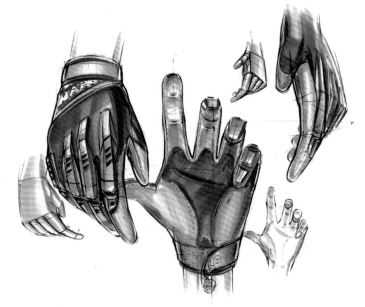

08 因为手套的主体为暖灰色(暖色系、纯度高、暗灰色）,所以背景就采用冷色系、低纯度且较亮的马克笔绘制,这样可使画面形成冷暖对比、纯度对比、明暗对比的色彩感受。用240号和241号马克笔绘制出蓝色的底,再绘制出水泡的形态,活跃画面氛围。

09 用马克笔深入刻画细节,使用肌理板辅助绘制出布纹和防滑材质的凹凸感,这样就为这款产品在防护性方面进行了再设计。

　　设计构思:为了保护指关节,可以将关节部位设计成硬胶材质、碳纤维或钛合金材质的。因为没有手心向外的实物视图作参考,所以在绘制时既需要考虑关节的防护性,又要考虑手套掌根部的滑块或护垫的设计。试想一下,当摩托车突然发生侧滑摔倒时,人的下意识反应是伸出手来支撑。如果手套内侧没有防护材质,就会造成严重的擦伤。还可以设计出一个具有缓冲功能的凹凸纹材质,以减缓对人手的冲击。

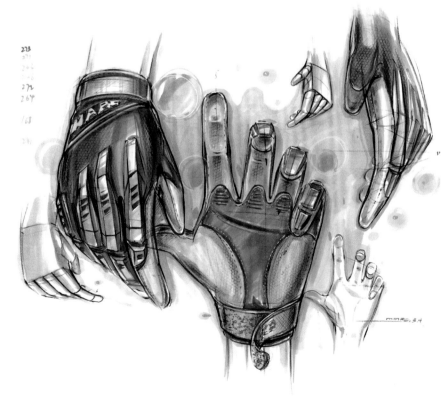

6.4 行车记录仪与头盔效果图绘制

1.产品介绍

行车记录仪可安装在交通工具上记录行驶过程中的影像，可为处理交通事故提供证据。本例以摩托车行车记录仪的实物为参照，绘制行车记录仪和头盔效果图，并进行版面设计。

实物参考

2.基本形剖析

01 先观察这款记录仪的轮廓和形体，其基本形是一个不规则的长方体。画出透视中线，并用"加减法"画出斜面。

02 在长方体前端的斜面上绘制呈透视效果的圆形。

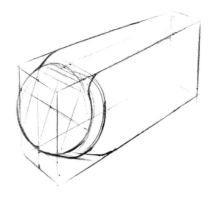

03 将圆形特征面向下平移画出细节部件。

04 整体大形画完，添加细节和主要形体的转折面。

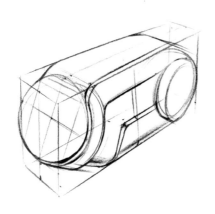

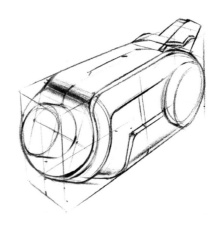

3.绘制步骤演示

01 大多数产品的侧视图是最能体现产品特征的，参照实物图并结合对产品基本形的分析绘制出行车记录仪的侧视图线稿和大致的光影效果，这样有助于我们进一步了解产品的细节比例和光影起伏状态。

02 头盔的绘制需要用辉柏嘉399号彩铅，以长曲线表现关键的轮廓线和渐消线。

03 增添细节，加深部件之间的分型线，区分每个部件的形态。

04 收形，加深轮廓线的转折，丰富头盔的细节，在头盔的基础上仔细绘制出行车记录仪的形态。

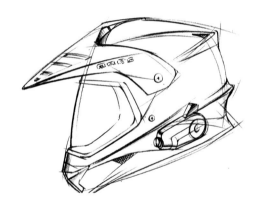

05 丰富整个画面，按照前面所讲的摩托车手套绘制方法在右下角绘制出此产品的使用演示图。

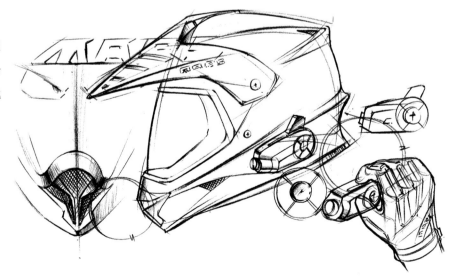

06 根据实物图进一步推画出衍生方案草图，以训练造型能力。

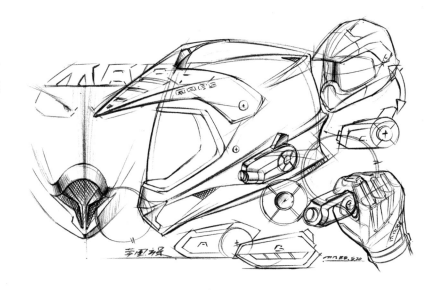

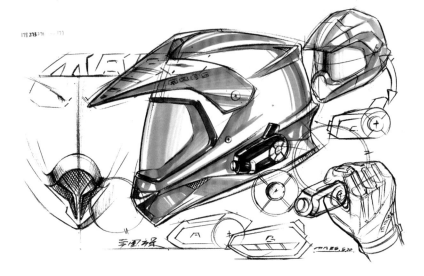

07 设定头盔的颜色为有警示作用的橘黄色，用178号马克笔的侧锋在结构面上铺色，用240号马克笔快速画出透明挡风罩。

08 用177号马克笔表现出头盔由暗部到亮部的过渡色，用262号马克笔绘制出手套的转折面。

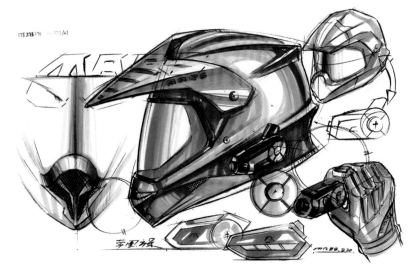

09 为背景铺色，为了营造出"溅水"的效果，用68号马克笔的笔芯挤出墨水滴在画面上，形成一种水墨的既视感。

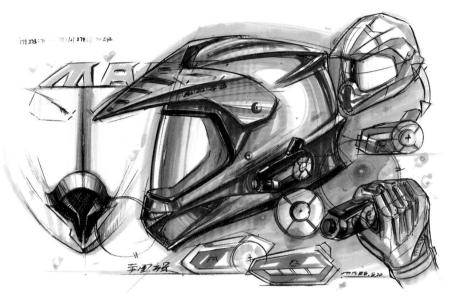

10 用马克笔上色后会有干湿变化，因为第一次铺的颜色风干后会变淡，所以需要用73号马克笔加深产品的轮廓，以增强明暗对比。

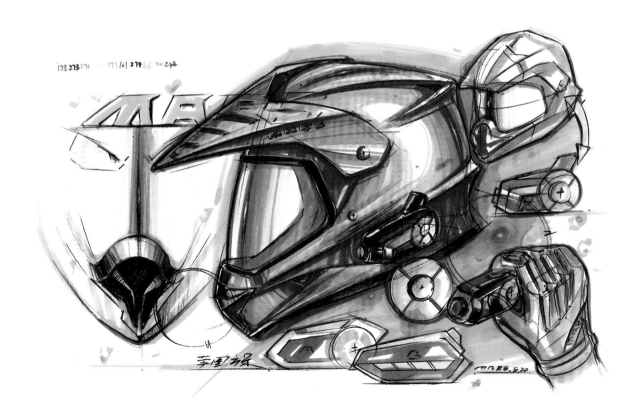

6.5 复古相机效果图绘制

1.产品介绍

哈苏500C复古相机的整个机身全部依靠机械式操作。取景窗、镜头、机身、后背、过胶把手等都可以各自分离，银色金属包边与黑色仿皮革塑胶材质搭配，更强化了这款相机的复古韵味。

实物参考图

2.基本形剖析

01 观察实物参考图，此款相机的基本形主要由立方体与圆柱体穿插组合而成。

02 从基本形的角度出发绘制此产品的拆解图，进一步了解这个产品。

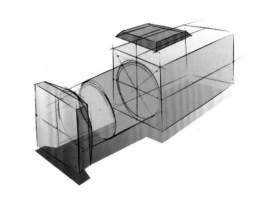

基本形剖析

3.绘制步骤演示

01 绘制出一个主体的立方体，然后从立方体的一个面找到透视中点，作延长透视线作为产品的透视中轴线；再按透视原理画出表示镜头的面。

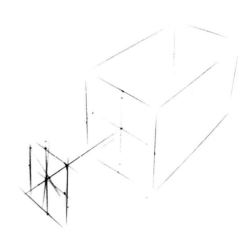

02 在透视中轴线上按比例确定各部件的位置。

03 产品的大形绘制完成后，再表现出产品每个部件之间的比例关系。

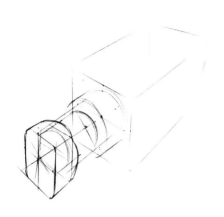

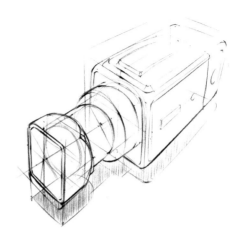

04 进一步深化细节和版面布局，通过截面线表现出产品每个部件的起伏关系。设定左边有光源，绘制出产品的阴影转折。用尺子辅助绘制一个背景框，将绘制出来的侧视图和镜头联系起来，使画面更加整体。

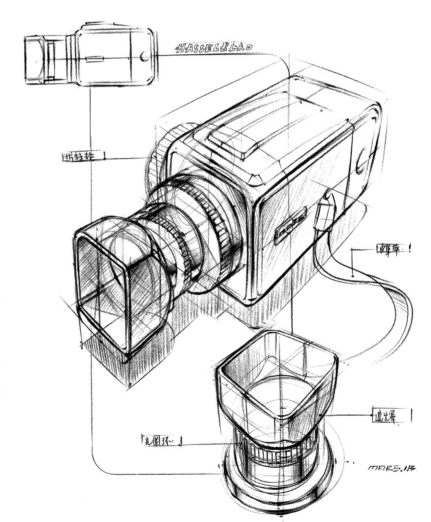

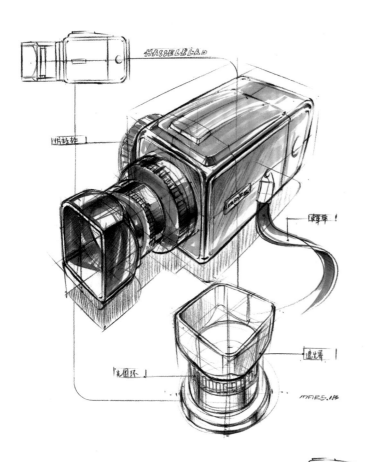

05 参考实物图，用马克笔上色。保留镜头和转轮的黑色塑胶材质，将黑色仿皮革材质的机身设计成黄色的木纹材质，使整个产品呈现出另一种复古韵味。用273号和177号马克笔的宽头在相应的区域铺色，第一遍上色需要将产品的亮面和反光面留出来。

06 第二遍上色主要是增强产品的明暗对比和基础材质的质感。用274号和160号马克笔在相应的区域加深明暗转折。用264号马克笔为投影快速铺色，给竖立起来的局部镜头也铺上颜色，表现镜头玻璃的材质时可参考前面所讲的玻璃球体的表现方法。

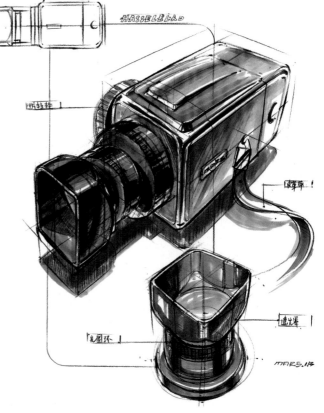

07 为背景铺色，用27号马克笔的宽头快速横向铺色，由上至下，由慢变快，使整个背景呈现上深下浅的空间感。在颜色未干时，用马克笔宽头的侧锋水平画出点缀效果，增强画面的通透性。

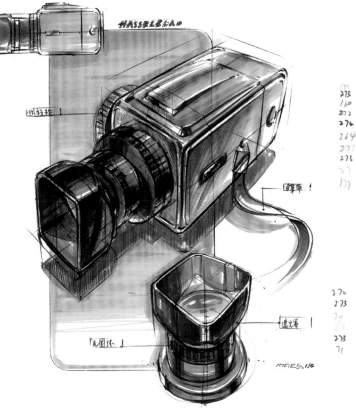

08 刻画细节。用165号马克笔刻画出木材的纹理，用黑色和白色彩铅刻画出木纹的凹凸体积感，用高光笔在高光塑料部件的暗部转折处点出高光。

6.6 拍立得相机效果图绘制

1.产品介绍

与其他数码相机相比，拍立得相机的工作原理虽然很神奇，但实现过程很简单。本例将以实物为参照绘制一款拍立得相机的效果图。

实物参考图

2.基本形剖析

01 观察实物参考图，绘制出产品的前视图和侧视图。

02 因为产品是曲面的机身，所以先画出由立方体和圆柱穿插组成的基本形。

03 用"加减法"绘制出手持部位的形态。

04 用曲线倒角，将原有笔直的截面转变为曲线截面。

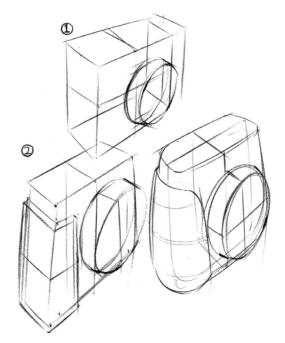

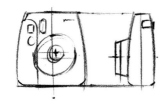

基本形剖析

3.绘制步骤演示

01 根据两点透视原理用长曲线迅速概括出呈透视效果的主体轮廓。

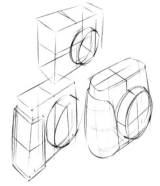

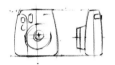

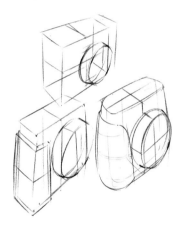

02 在基本形的基础上绘制出镜头，并根据形体转折绘制出细节部件。

03 绘制相机打开后壳的状态，可以在网上搜索现有产品的细节，并融入产品的设计中。

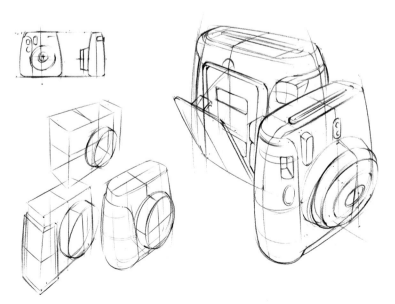

04 丰富画面，绘制细节放大图和使用操作图，再将必要的文字说明添加上去。

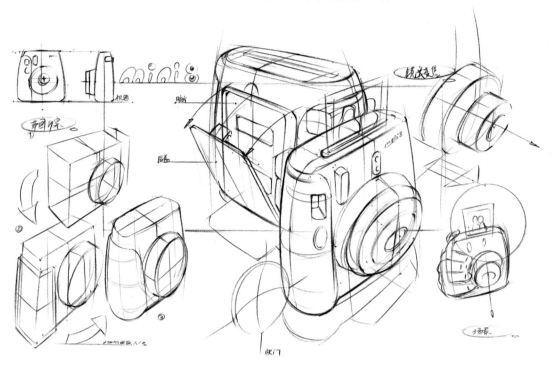

05 用70号蓝色和248号土黄色马克笔为前后主体铺色，用271号灰色马克笔给推敲出的基本形大块面铺色。

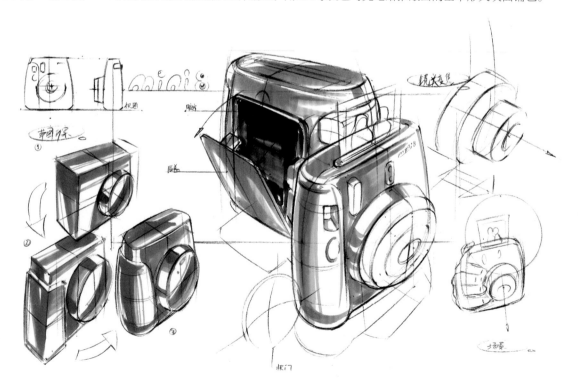

06 用240号马克笔为背
景板铺色,与土黄色的产
品主体色既形成互补关
系,又与用70号马克笔绘
制的蓝色主体有所区分,
这样画面的色彩就更加丰
富了。

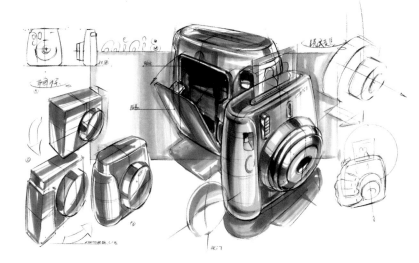

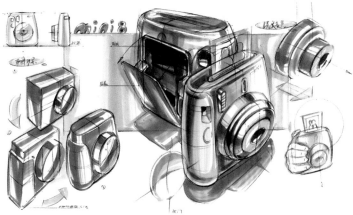

07 用浅绿色马克笔点缀画
面,活跃画面氛围。

08 收形阶段,用黑色铅笔加深轮廓,再用高光笔在高光塑料部件的暗部转折处点出高光。

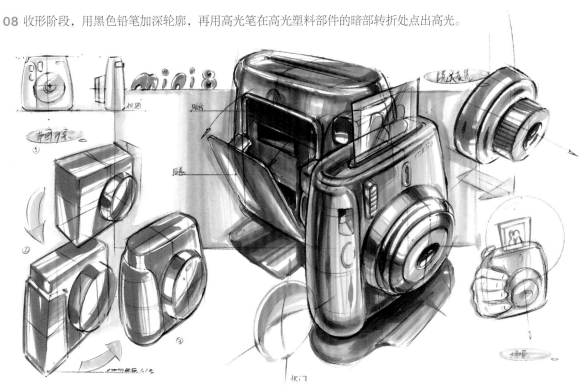

6.7 仿生设计音响效果图绘制

1.产品介绍

幻响创意系列音响是由国内一流设计师运用十二生肖元素并结合创新技术做的仿生设计产品,产品外观生动形象,具有时尚装饰性。本例将以羊年主题音响为参照进行手绘效果图的绘制。

实物参考

2.基本形剖析

01 全曲面的产品看似很难画,但归根结底还是先要从基本形开始,可以将这个产品的基本形看作橄榄球的形态。

02 绘制视平线对了解小部件的透视关系有着极大的帮助。

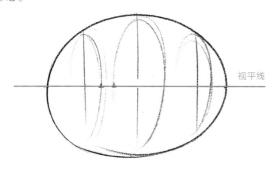

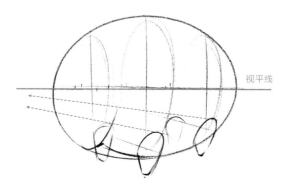

03 在曲面上添加曲面的小部件,要考虑透视和复杂形体组合的双重影响。可以将产品概括为圆套圆的"羊角"形态。

04 为了使形体更加饱满,用马克笔随着基本形的形体转折进行铺色,注意区分不同的部件。

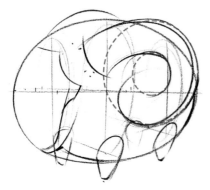

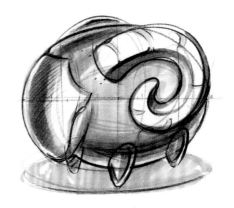

3.绘制步骤演示

01 根据实物参考图并结合前面对基本形的剖析，用辉柏嘉399号彩铅绘制出一个椭圆形，并添加截面线，得到一个橄榄球体，以此作为音响主体的基本形。

02 用透视线和截面线塑造主体基本形，并将部件细节的位置确定下来。因为产品是左右分型的，所以还要绘制出产品的俯视图。

03 进一步优化细节，强化形体轮廓的转折，收紧轮廓线。

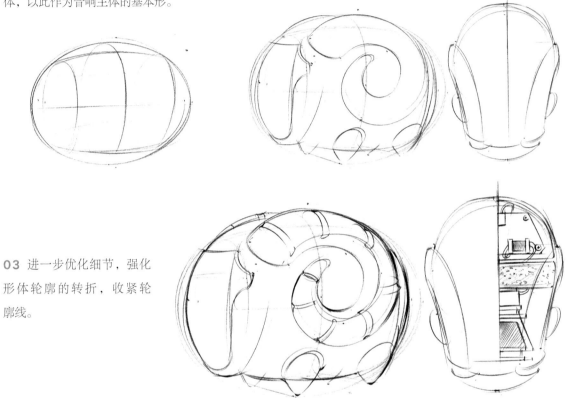

04 丰富画面，通过绘制产品的演变过程和仿生场景图，使观者更清晰地理解此产品的设计语。

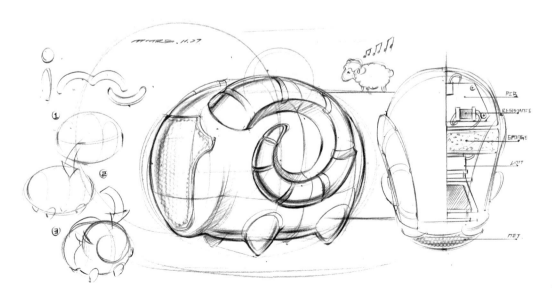

05 用马克笔上色。虽然参照的产品主体为白色的塑料材质，但往往为了视觉效果，笔者会进行调整。运用暖色系的马克笔铺色，设定光源在产品前方，用马克笔随着形体转折铺色。

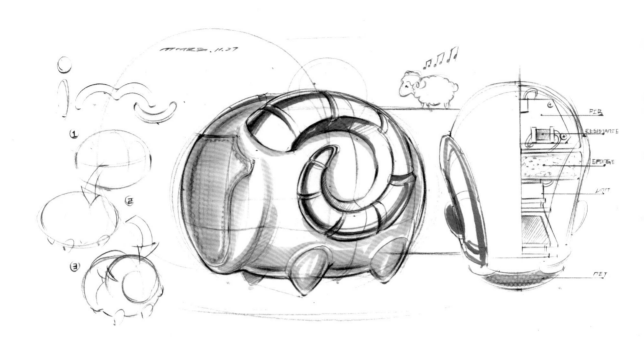

06 快速运笔，给剩余部分铺色，使画面更有通透感。

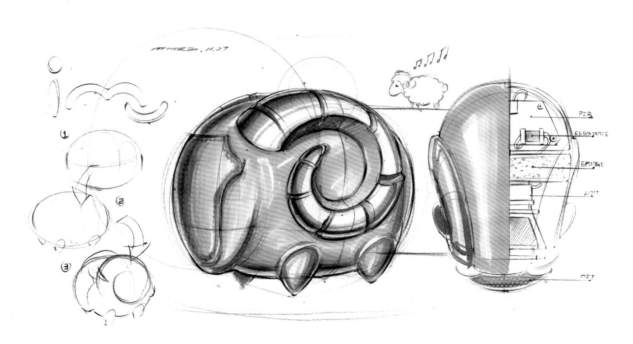

07 为背景铺色，因为将产品设定为暖色系的颜色，所以为了形成冷暖对比的效果，背景通常采用冷色系的马克笔来铺色。为背景铺色时需使用明度和纯度较低的蓝色，以免强过主体的效果。

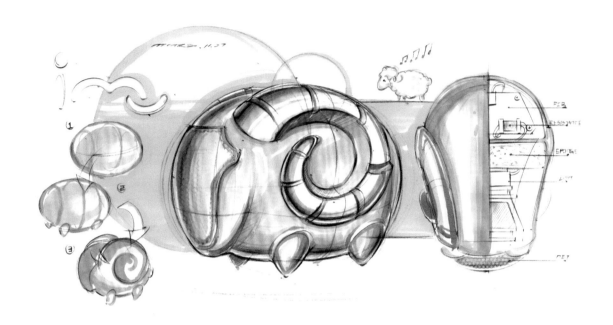

08 因为第一遍铺色后，马克笔的颜色会变浅，造成画面立体感不强，所以需要使用同色系的马克笔在相应的转折处进行加深。最后，用高光笔在"羊角"的结构转折处点缀出高光，以表现金属的质感。

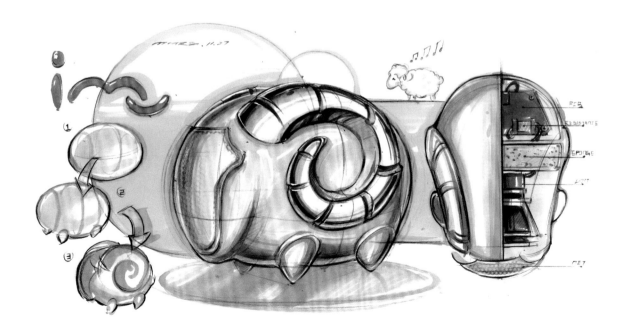

6.8 手持吸尘器效果图绘制

1.产品介绍

手持吸尘器小巧，便于携带，常常用于清理汽车内部、家具缝隙等，使用起来非常方便。手持吸尘器通常会配备加长的吸管和扁毛刷，以提高工作效率。

实物参考图

2.基本形剖析

01 这个产品看似很复杂，但它是对称的，可以先从透视中线画起。

02 根据透视中线绘制出面组成的基本形体。

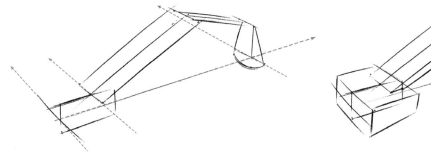

03 用"加减法"在基本形体上"修剪"得到一个把手。

04 设定光源在左上方，用马克笔铺色，呈现出光影关系和材质特性。

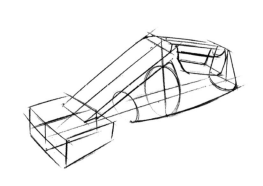

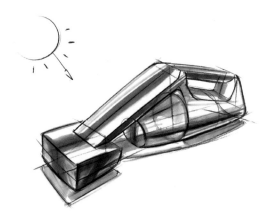

3.绘制步骤演示

01 绘制透视图之前，要先根据实物参考图和透视原理推画出侧视图，以帮助我们进一步了解产品。

02 通过定点的方式画中线，以避免画面上留有太多的辅助线。

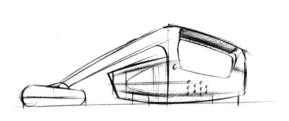

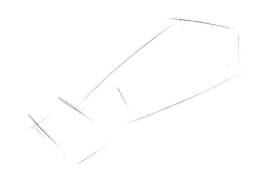

03 以产品基本形为参照，根据中线在符合透视原理的情况下绘制出面，再由面组成体。

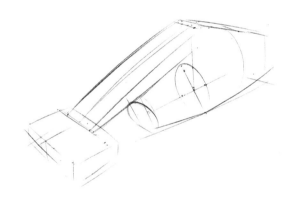

04 在用笔加深主体轮廓线的同时将部件的细节绘制出来。产品每个部件之间的线条（分型线）要干净利落地绘制出来。运用"加减法"将把手和局部的造型绘制出来。

05 设定光源在左上方，绘制出形体的光影转折面，增强产品的立体感。

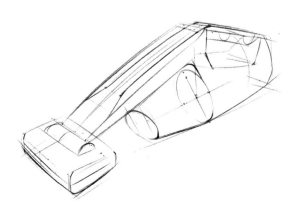

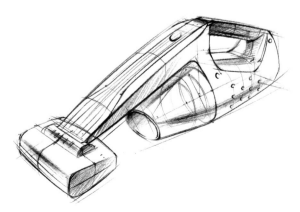

06 将产品的细节和使用状态绘制出来，作为背景的同时又能丰富画面。收形时，要善于运用尺规等工具辅助作图，大圆板的轮廓倒角很适合用来绘制背景框。

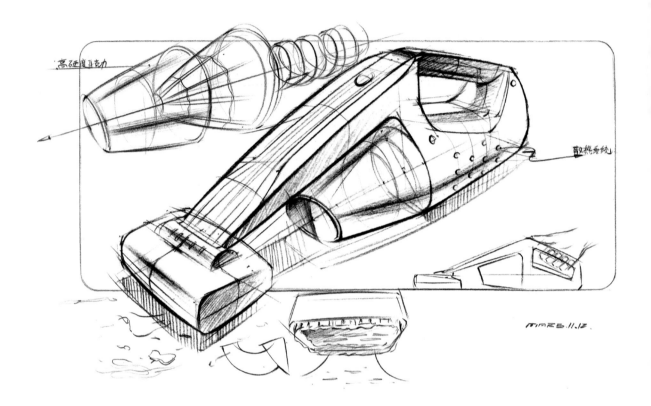

07 用马克笔上色，实物产品的主体为白色与黑色的塑料，为了提升视觉效果，可以对产品的配色进行调整，用蓝色马克笔绘制扣件部分，用262号冷灰色马克笔为产品整体铺色。

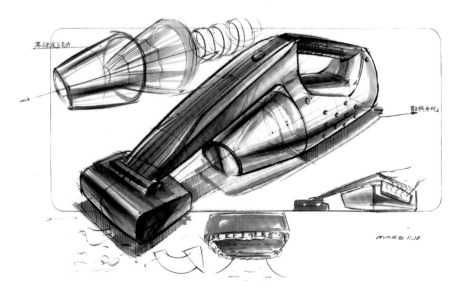

08 背景框的颜色选用土黄色与蓝色，以形成冷暖对比，在运笔上则采用平铺的方式自上而下排笔，这样上深下浅，画面会更加有层次感。

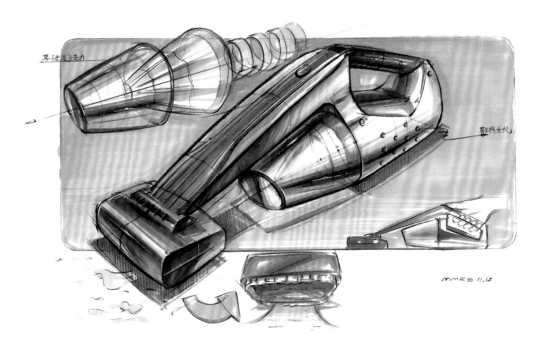

09 用高光笔在高光塑料部件的暗部转折处点出高光。

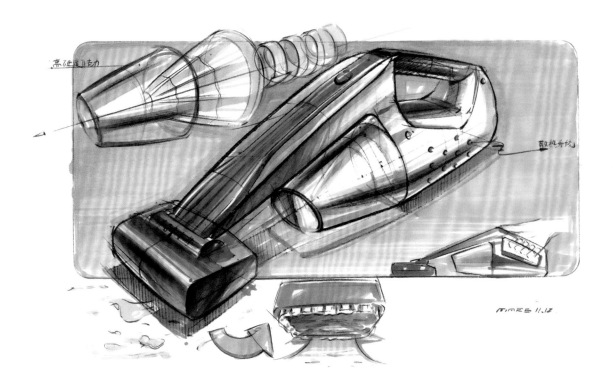

6.9　多功能手持挂烫机效果图绘制

1.产品介绍

　　熨斗可使衣服平整，但传统的电熨斗只能在平躺状态下操作，具有极大的局限性；而右图所示的这款多功能手持挂烫机则融合了传统电熨斗的工作方式和多角度使用的便携性，兼顾挂烫和平烫两种使用场景，极大地满足了消费者的需求。

实物参考图

2.基本形剖析

01 将产品整体分解，了解每个部件的基本形，从底部的大三角形体开始绘制。

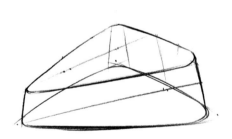

02 以绘制完的形体为参照，根据相应的比例关系和透视关系，将其他部件的基本形绘制出来。

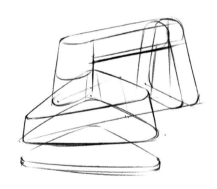

03 添加转折面是增强产品立体感的有效方法，在倒角处可用铅笔的侧锋表现出转折面的虚实关系。

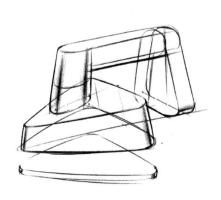

04 绘制基本形可将造型复杂的产品更清晰地呈现出来，以便深入理解该产品的造型特点和结构。

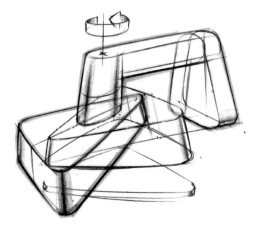

3.绘制步骤演示

01 基本形的绘制帮助我们了解了产品的结构特征，在绘制大形时要多用长曲线去概括。

02 结合实物参考图和对基本形的分析，绘制出手持挂烫机的另一种放置状态。

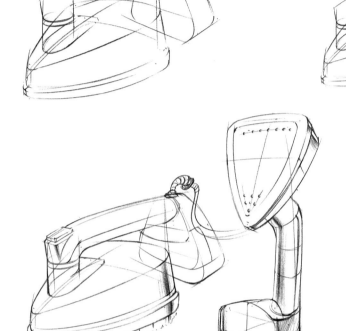

03 增添细节，用分型线将产品的各个部件区分开来。

04 丰富画面，绘制使用场景图，表现出人用手抓握使用的方式。

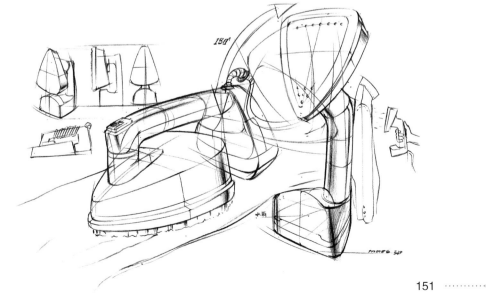

05 产品以蓝白色搭配为主，用241号马克笔的宽头给产品的蓝色部件铺色。

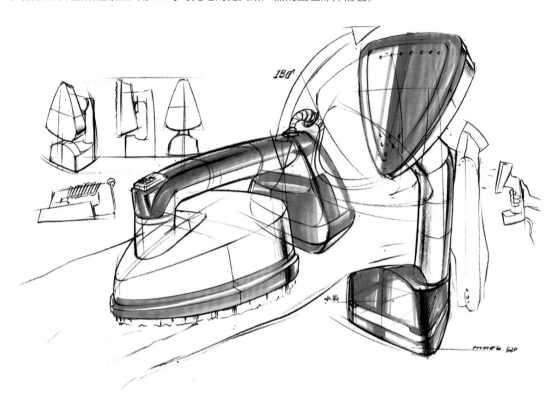

06 用246号和247号马克笔画出垫在挂烫机下面的布料，运笔要自然流畅，表现出布料的起伏感。用较浅的262号灰色马克笔在产品的白色转折处铺色。

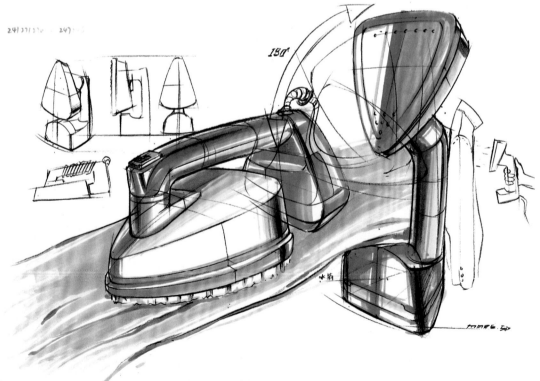

07 用243号马克笔加深蓝色部件的形体转折处，用273号马克笔加深白色部件的形体转折处，用26号马克笔勾勒出"旋转"的状态。

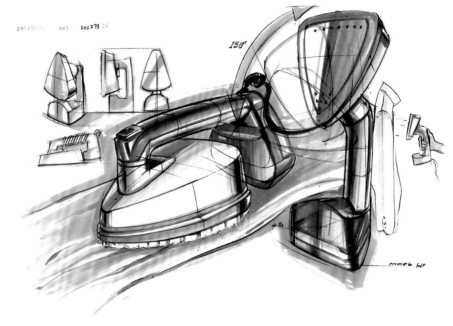

08 用黑色铅笔加深轮廓，标注上文字，再用高光笔在高光塑料部件的暗部转折处点出高光。

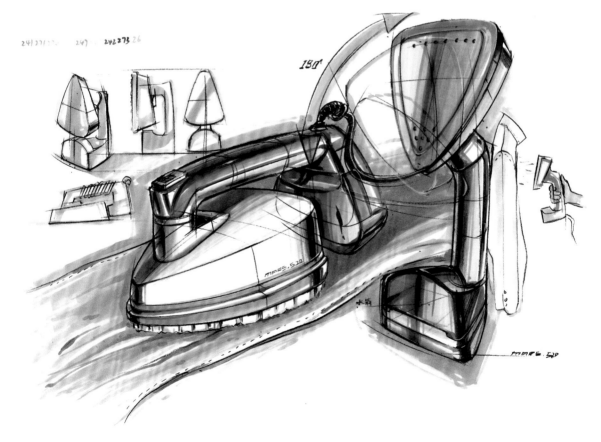

6.10 电动剃须刀效果图绘制

1.产品介绍

电动剃须刀通过电机的驱动刀片快速旋转，以实现剃剪胡须的功能。本例以国内某品牌的电动剃须刀为参照，讲解空间曲线的搭建方法和场景式排版。

实物参考图

2.基本形剖析

01 观察实物，按照功能区分，将剃须刀分解为刀头和机身两部分。

02 3个独立小刀头组成了三角形的刀头，运用前面所学的知识，可以很快地绘制出剃须刀的俯视图。

03 机身的结构曲线看似很难表现，其实不然。先画一个倒梯形的圆柱，确定圆柱的透视中线后，刻画出圆柱的造型。

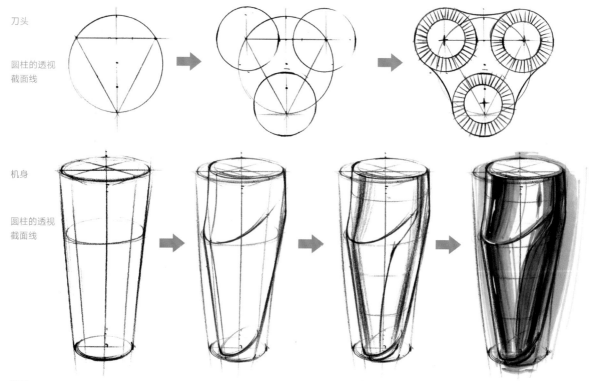

刀头

圆柱的透视
截面线

机身

圆柱的透视
截面线

3.绘制步骤演示

01 结合实物参考图和对基本形的剖析，运用两点透视的原理绘制主视图的基本轮廓，再绘制一个用手抓握的使用示意图。

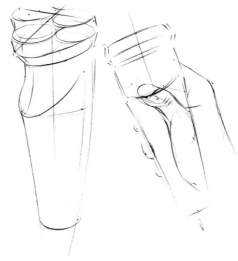

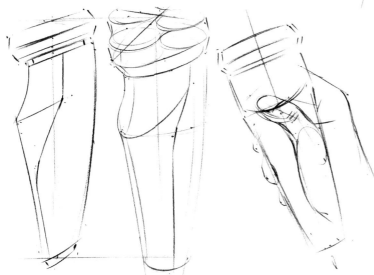

02 以实物参考图和主视图为参照，推画出侧视图，这样有助于进一步了解此产品的造型语言。

03 设定光源在前方，绘制出形体转折面的光影，增强产品的立体感。

04 三个主要的视图绘制
完成后，在周边绘制产品
的辅助细节图，丰富画
面。可以根据对产品的理
解再发散推画出几个不同
形态和内部结构的图。

05 用马克笔上色，分别
用70号蓝色和CG271号灰
色马克笔的宽头根据产品
的转折快速运笔铺色。为
了突出中间透视主视图的
明暗对比，要着重在暗部
转折面处反复运笔铺色。

06 因为主要视图的颜色偏
冷，所以用246号土黄色和
YG262号暖灰色马克笔给辅
助视图铺色，使其与主要视
图形成冷暖对比。辅助视图
的颜色明暗相对主要视图
要弱。

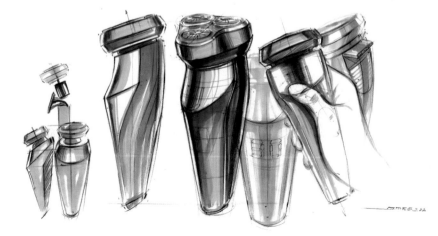

07 绘制背景，因为要烘托剃须刀防水的功能特性，所以可以用239号和240号蓝色马克笔画出一些水泡，水泡的画法可参考前面所讲的玻璃球材质的画法，颜色的明暗对比不要太强烈，表现出水泡的特征即可。

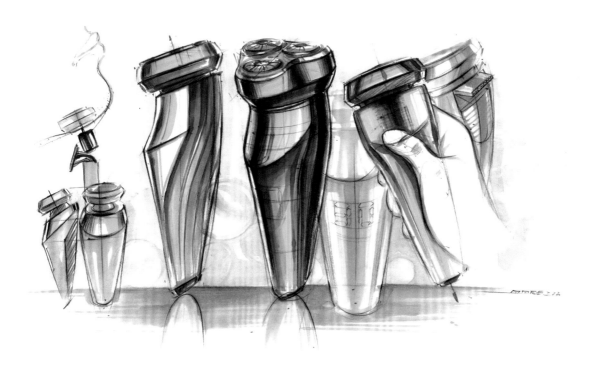

08 收形阶段，用黑色铅笔加深轮廓，标注上文字，再用高光笔在高光塑料部件的暗部转折处点出高光。

6.11 公牛桌洞插座效果图绘制

1.产品介绍

本例讲解的是公牛桌洞插座效果图的绘制，设计师巧妙地将品牌的LOGO转化为产品设计元素，"牛角"收纳孔可以收纳电源线，做到了美观与功能的完美结合。

2.基本形剖析

01 由产品实物参考图可以清晰地看到此产品的基本形是由两个长方体和一个三棱体组合而成的。

02 用色块区分产品部件，可以更清晰地观察此产品的基本形比例。

实物参考图

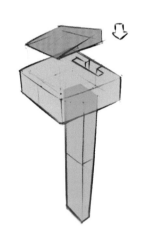

基本形剖析

3.绘制步骤演示

01 结合两点透视原理和对基本形的剖析绘制产品主体的透视图轮廓。

02 推画出产品后透视图的轮廓。

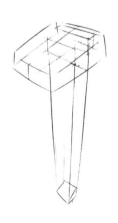

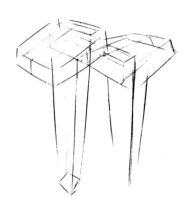

03 用硬朗的线条刻画整个产品的结构线和轮廓线，使产品的手绘稿更加清晰。

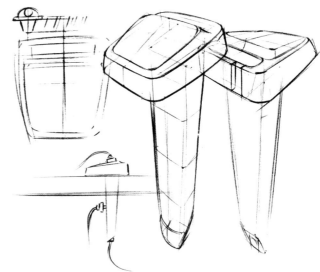

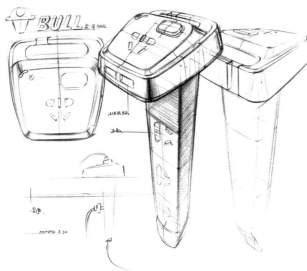

04 设定光源在左上方，用铅笔绘制产品的光影，增强空间透视感。

05 自定义产品的材质。因为产品的上面有一部分是黑色塑料材质的，所以为了增强手绘的视觉效果，可以将部分扣件设定为木纹材质的。用177号马克笔的宽头横笔平涂的方式为扣件上色，用272号和263号马克笔分别绘制出前后主体部分。

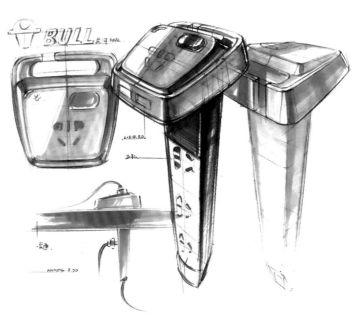

06 用271号马克笔绘制产品主体的白色区域，用160号马克笔绘制LOGO作点缀，与主体颜色呼应。

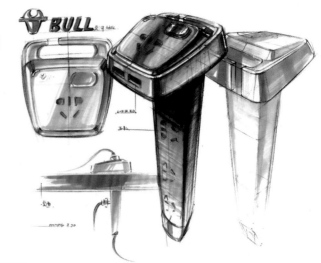

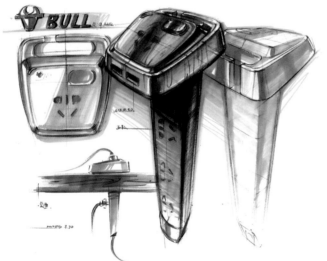

07 用68号和70号马克笔为背景铺色，围绕着产品在周围进行绘制，以衬托产品。用160号马克笔绘制波浪木纹，表现出木材的质感。

08 收形阶段，用黑色铅笔加深产品轮廓，再用高光笔在高光塑料部件的暗部转折处点出高光。

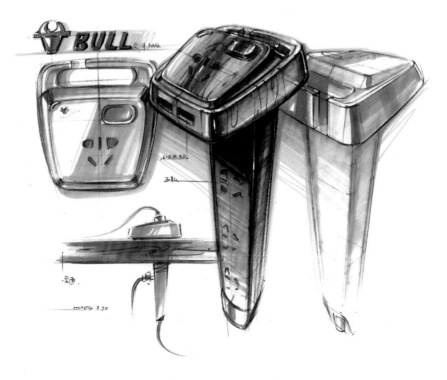

6.12 除草机器人效果图绘制

1.产品介绍

这款除草机器人线条硬朗，体块分明，设计上参考了交通工具的元素，整个产品很有科技感。在绘制这个除草机器人的效果图时，要仔细观察体块之间的比例关系。

实物参考图

2.基本形剖析

01 绘制一个长方形作为除草机器人的轮廓，再在长方形里面绘制轮子。

02 参考实物图，用直线绘制出产品侧视图的关键结构线。

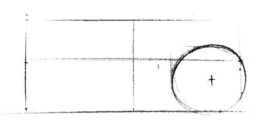

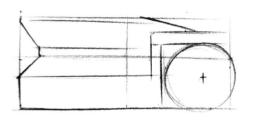

03 倒圆角，并区分出每个部件。

04 用铅笔的侧锋绘制转折面，增强立体感。

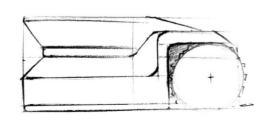

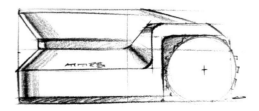

3.绘制步骤演示

01 结合产品实物参考图和对产品基本形的剖析，绘制侧视图和产品透视图。

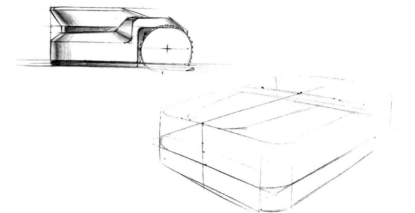

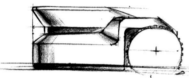

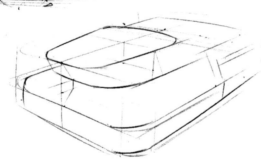

02 以立方体中线为参照，绘制出产品的主要部件。

03 以两个产品透视图为主，其他视图为辅，合理安排版面布局。

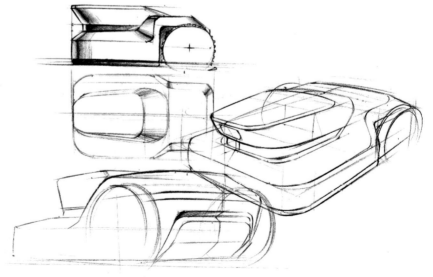

04 着重刻画倒角处的转折光影，凸显产品的体量关系。

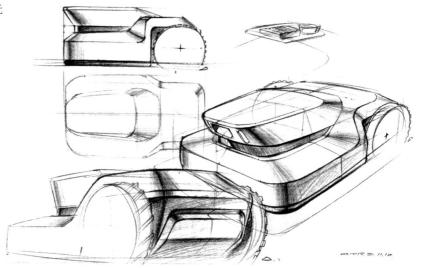

05 用马克笔上色，这一步使用了法卡勒一代马克笔，主要是为了烘托画面氛围，配色采用蓝黄互补色。用70号、177号、178号和273号马克笔的宽头平涂为产品的各个部件铺色。

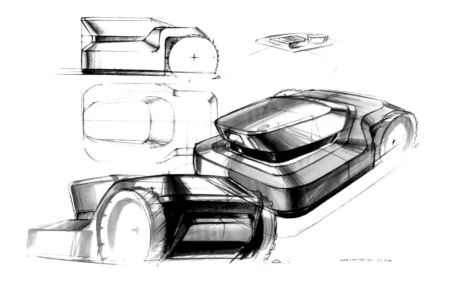

06 为了使画面更协调，用261号暖灰色马克笔以横笔平涂的方式绘制背景。

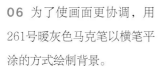

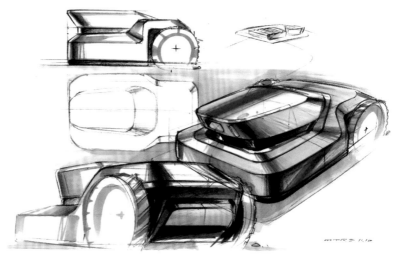

07 大面积铺色后，再逐步加强形体的转折关系，用相对应的同色系马克笔绘制出过渡曲面的颜色。

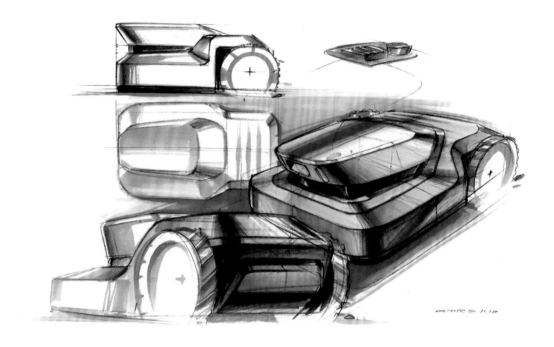

08 用高光笔和高光铅笔绘制产品的高光，使画面更有质感。

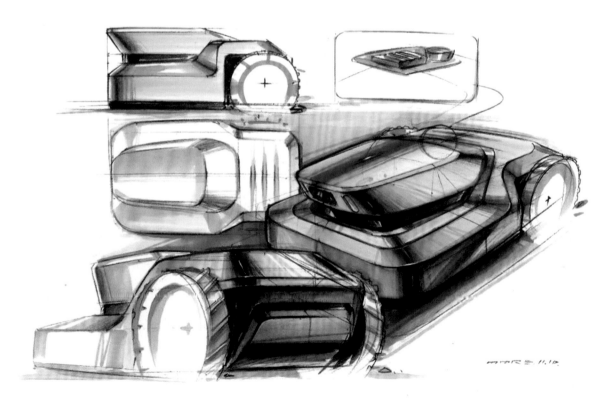

6.13 雪铁龙概念跑车效果图绘制

1.产品介绍

这款概念跑车设计得非常紧凑。车头拥有强烈的肌肉感，极具视觉张力。复杂而又合理的线条穿插不仅突出了造型的夸张特点，更提升了空气动力性能。设计师大胆地颠覆了以往跑车的造型设计，将时尚艺术、运动激情与环保的理念融为一体，成功塑造了一款有特色的汽车。

实物参考图

2.基本形剖析

01 以轮子尺寸作为参考来测量该车的比例，前悬为半个车轮长，后悬比前悬短一些，车高约为1.5个车轮高，轮距约为2.5个车轮长。

02 以轮子为标准进行区分标注，可以很明确地观察到A柱、B柱、C柱的具体位置。

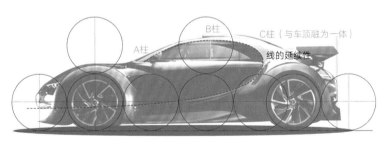

03 分析线的延续性，侧视图呈现出这辆跑车最大的特征，即一条线贯穿车身至前悬的位置。

04 在绘制时，草图需要画得夸张一些，轮子可以略大一些，这样能使跑车更有力量感。

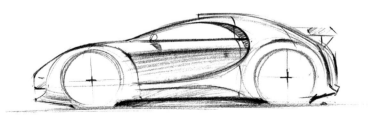

3.绘制步骤演示

01 根据两点透视原理绘
制出跑车的轮子，以此作
为绘制参照物。

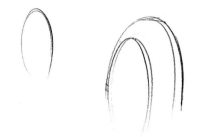

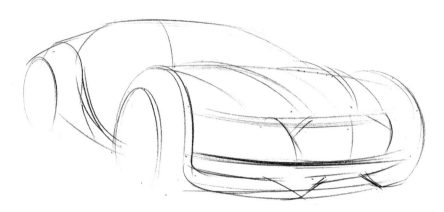

02 根据轮子的位置画出
车的腰线、裙线、底盘线
和顶线，为后面刻画细节
提供参照。

03 随着形体的走向，逐
步深化每个部件的细节。
绘制出跑车的前脸等部
件，着重刻画进气孔处的
车标。

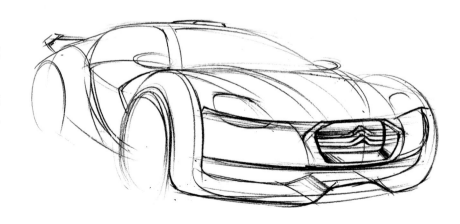

04 刻画细节，对前脸部分进行细节刻画，仔细画出轮毂的形状，并添加形体转折产生的阴影，塑造出形体的立体感。

05 用马克笔上色，车身为黑色，用273号深灰色马克笔画出暗部转折面，使画面形成明暗对比。

06 用271号马克笔绘制暗部灰面，用206号和139号马克笔为其他点缀部件铺色。

07 用191号黑色马克笔进一步加深暗部转折面，用271号马克笔表现出灰面到亮面的过渡效果，运笔要快。

08 收形阶段，用白色彩铅和高光笔在高光部件的暗部转折处点出高光，用235号蓝色马克笔绘制车身周边的背景，烘托出画面氛围。

6.14 梅赛德斯AMG GTR跑车效果图绘制

1.产品介绍

GTR这三个字母分别代表Grand、Touring、Racing，即性能优越的车、能够长途奔驰的车和适合用来比赛的车。

实物参考图

GTR原先是日产公司旗下的Skyline房车系列中的一款车型，不过现在新一代的GTR已经脱离了Skyline系列，独立为一个新的车系，并已成为很具性价比的超级跑车。本例绘制的这辆跑车的最大特点是将发动机前置，打造出车头修长的视觉效果。车身线条圆润而简洁，垂瀑式的进气格栅极具力量感。

2.基本形剖析

01 以轮子尺寸作为参考来测量该车型的比例，前悬为半个车轮长，后悬约为1.2个车轮长，车高约为2个车轮高，轮距约为3个车轮长。

02 以轮子为标准进行区分标注，可以很明确地观察到A柱、B柱、C柱的具体位置。

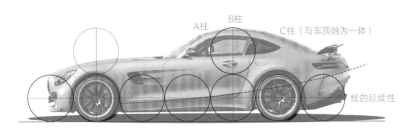

03 分析线的延续性，从侧视图可以看到一条修长的线贯穿车身到后悬。

04 在绘制时，可将座舱压低，将轮毂增大，这样能使整辆跑车显得更有速度感和力量感。

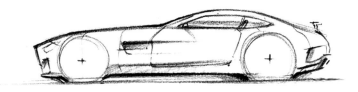

3.绘制步骤演示

01 根据前面对跑车基本形的分析并结合两点透视原理绘制出侧视图，再绘制出呈一定透视角度的主视图，可先确定跑车轮子的位置，再以此为参照画出车身。

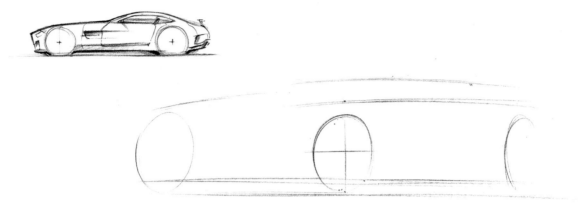

02 根据轮子的位置确定跑车的底盘线、顶线和进气格栅的位置。

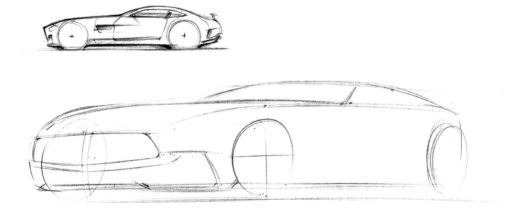

03 逐步深化每个部件的细节，绘制出跑车的前脸等部件。

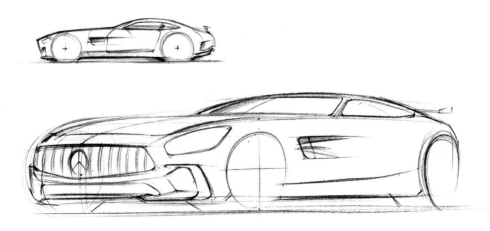

04 深化细节，对前脸的细节进行深入刻画，将轮毂的形状也刻画出来，添加形体转折阴影，塑造形体的立体感。

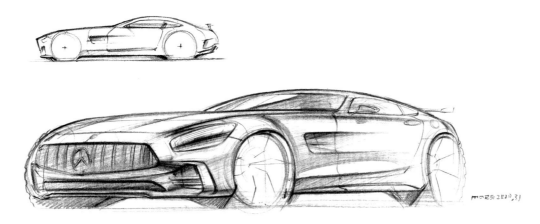

05 用马克笔上色，车身为绿色车漆，用44号绿色马克笔画出暗部转折面，使画面形成明暗对比。

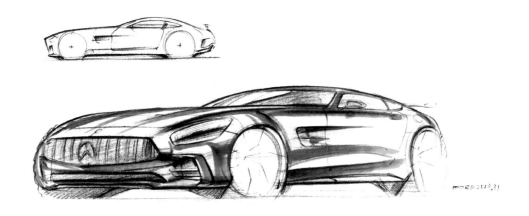

06 用228号马克笔过渡灰面，用CG273号马克笔在进气格栅黑白相间的部位进行润色。

07 绘制背景烘托主体，用与车身的绿色互补的143号马克笔为背景铺色。

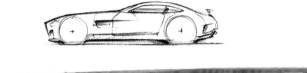

08 用46号马克笔绘制暗部的转折，强化明暗关系；用228号马克笔绘制亮部的过渡面，使整个车身的曲面更加光滑。

09 收形阶段，用白色彩铅和高光笔在暗部转折处点出高光。

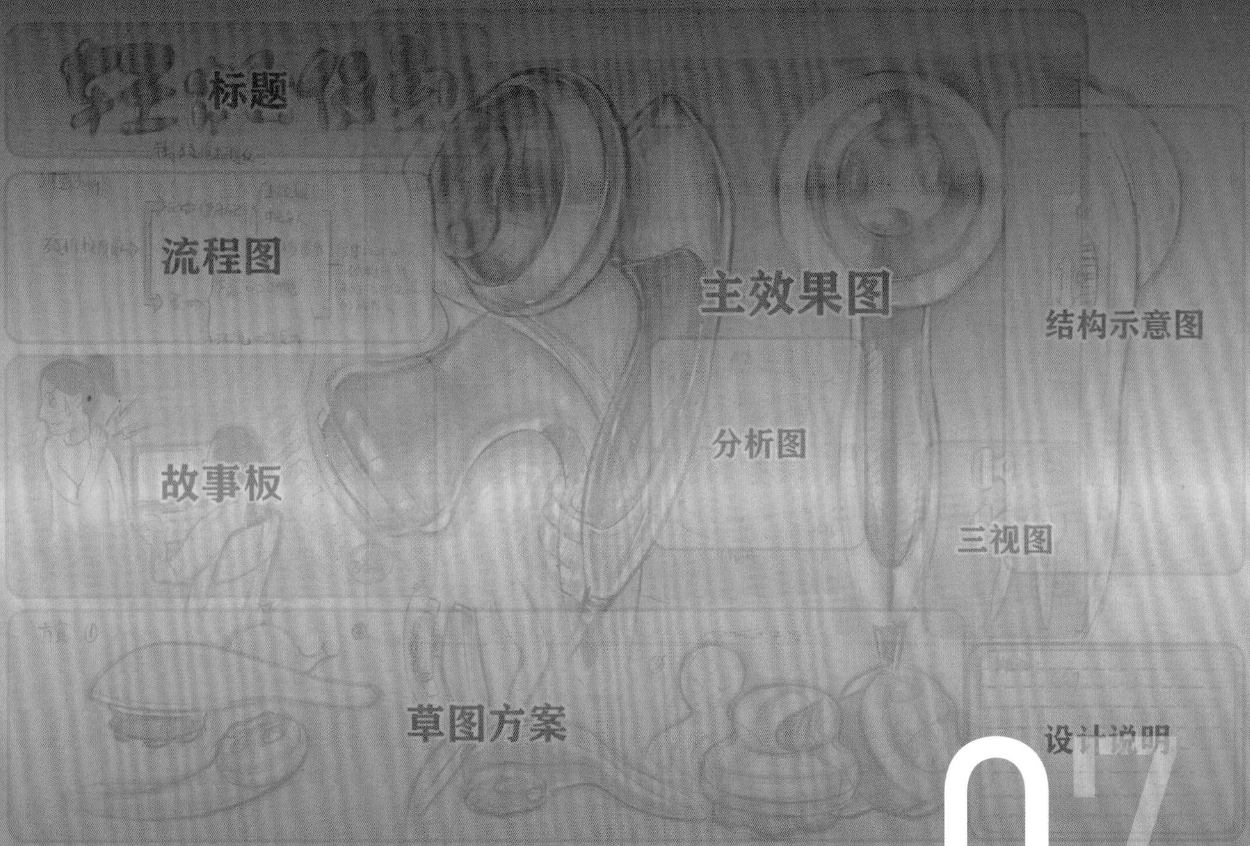

标题

流程图

主效果图

结构示意图

分析图

故事板

三视图

草图方案

设计说明

07

第7章　考研快题的版面布局与绘制

本章结合实物对产品的外观、功能、使用方式、配色、结构等进行分析，并展示了考研快题的绘制过程。根据已知的产品信息，逆向绘制草图、故事板场景图、设计说明等快题内容。希望读者可以运用考研的快题版式进行设计方案呈现，学会以逆向思维的方式分析产品的设计过程。

7.1 考研快题的版面布局

7.1.1 考研快题的版面划分

考研快题的版面主要包括图、文、表三大类内容。

1.图

图包括草图（①、②、③）、效果图和最终方案（主效果图、细节图、故事板、三视图、爆炸图、配色图、工艺图等）。

2.文

文包括标题（主标题、副标题）和设计说明（设计的要领和相关论述）。

3.表

表主要包括设计研究（课题分析、发现问题、分析问题、解决方案）相关的内容。

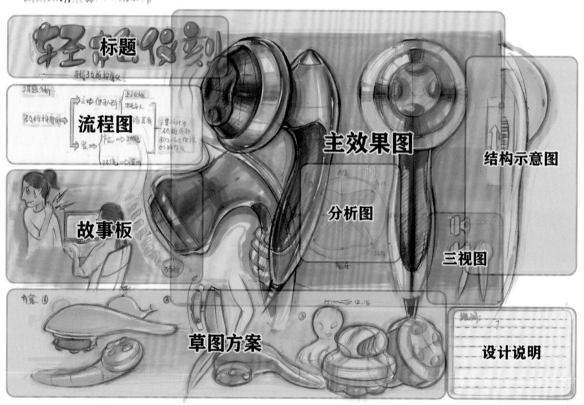

考研快题的版面划分

7.1.2　考研快题中的标题

考研快题中的标题一般由主标题和副标题组成。主标题大多采用概念性的名称来代替产品名称，抽象地概括产品的功能特点，使人印象深刻；副标题一般采用直白的词语来描述产品名称，以起到进一步解释的作用。

标题配色：根据画面的整体颜色选用与主效果图相对应的中差色或互补色即可。

标题大小：标题的大小占到画面的十分之一左右即可。

标题位置：标题一般位于画面的上方，这样可使阅卷老师更容易看到。

考研快题中的标题

7.1.3　考研快题中的流程图

考研快题中的流程图，是指对设计题目的分析和解答，以关键词和图表的形式将解题思路展示出来。流程图的绘制形式需要根据考试时间而定。

简易线框型：绘制用时少，直观、明了。

色块拼图型：版面工整，思路清晰。

写实场景型：版面丰富，与产品的特征关联性强，如果考试时间充裕，建议使用此类型。

简易线框型

色块拼图型

写实场景型

考研快题中的流程图

7.1.4 考研快题中的草图方案

考研快题中的草图方案，是展示应试者解题方式的重要内容，要通过简单明了的手绘效果表达出设计方案的推演过程，一般绘制3~5个设计方案即可。

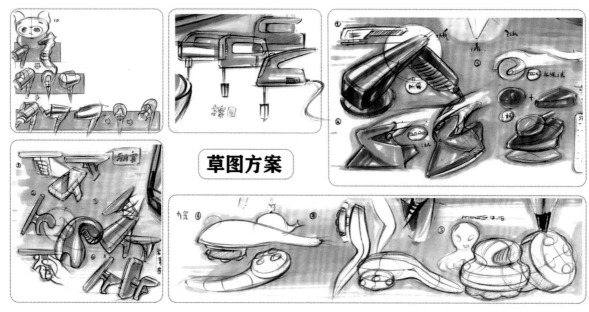

考研快题中的草图方案

7.1.5 考研快题中的故事板

考研快题中的故事板由人、环境、产品3种元素组成。通过图文结合的形式，抛出问题，找到设计切入点，并通过设计来解决问题。对于初学者而言，因为绘制故事板中的人物是比较困难的，要求画准人物的大致比例，所以以卡通形象来呈现比较容易。

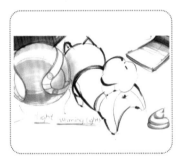
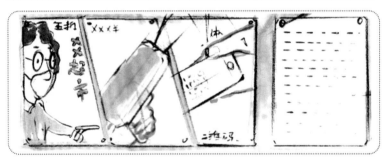

考研快题中的故事板

7.2 考研快题的逆向学习法

在学习快题时，建议先选定一个产品品类，对产品的外观、人机、功能、使用方式、配色、结构等进行充分的分析，再绘制产品的效果图。根据获取到的产品信息，学会逆向绘制草图、故事板场景图和设计说明等快题所需的内容。

7.2.1 大象灭火器快题绘制

右图是一款由瑞典设计师设计的车载灭火器。该设计巧妙运用了仿生学，将大象鼻子的形态呈现在灭火器的造型设计上，并且在人机工学和功能使用方面做得非常到位，时尚华丽的外观也符合主流的装饰风格。

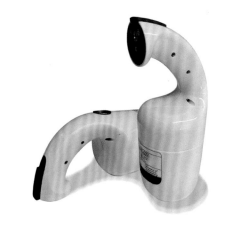

实物参考图

1.基本形剖析

01 好的设计往往体现在细节上，如整洁与连续的外观曲面处理。通过侧视图，我们可以把灭火器的把手轮廓看作四分之一的圆形曲线。

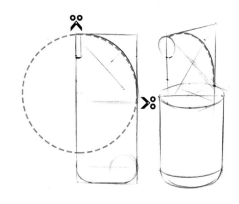

02 根据实物图，分析得出产品由两个部分组成，绘制出产品的基本中线与结构线。

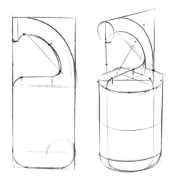

03 绘制产品的截面线，表现立体关系。

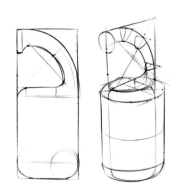

04 绘制并加重轮廓线，将截面线和结构线"框"起来。

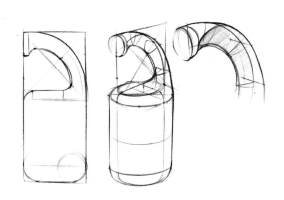

2.绘制步骤演示

01 根据对实物的基本形剖析，在两点透视原理的基础上，绘制出有纵深感的圆柱体。

02 定点，画曲线，呈现出把手的形态。

03 加强产品的轮廓，并在转折处加重加粗，使轮廓线具有虚实变化。

04 排线表现光影，弱化辅助性的线条。用铅笔的侧锋绘制出由深到浅的转折面。

05 绘制考研快题。

LOGO： 将大象的形态融入标题之中，以更加契合主题。

课题分析： 用多个圆形气泡连贯起来作为文字内容的背景。

故事设定： 先展示产品的用途，再设定人物场景，以在太阳底下的汽车最容易发生自燃现象为切入点，使人很直观地联想到灭火工具。

草图方案： 设计出3~5个方向不一样的形态。

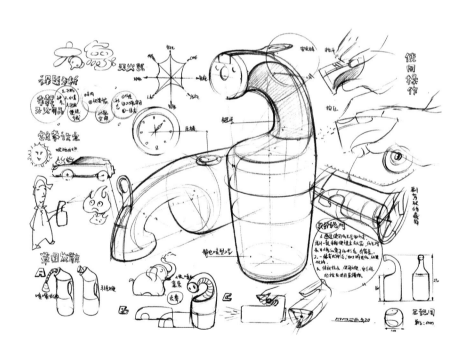

使用操作： 要表现出产品的使用方式和摆放位置。

三视图： 画出正视图、侧视图、俯视图，并标注尺寸和单位。

设计说明： 逐条阐述设计的创新点。

06 用马克笔上色。因为红色为灭火器的主色，所以在上色时要选用红色系的马克笔，用马克笔的宽头从转折面向中间表现出过渡效果。

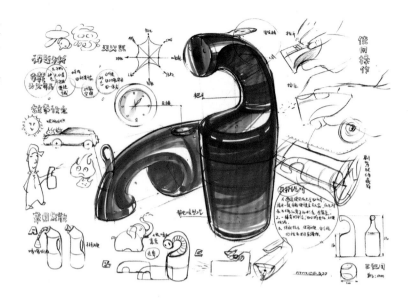

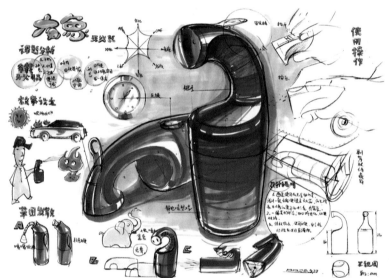

07 选用与红色互补的淡蓝色马克笔绘制背景，在形成视觉互补的同时，也传达一种"水降火"的寓意。标题和其他细节按大块面快速铺色即可。

08 为了将细节图整合起来，选用239号马克笔进行铺色，以起到弱化细节，突出主效果图的作用。然后着重绘制"使用操作"示意图的形体关系。

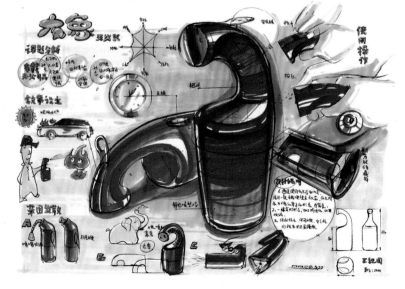

09 用深灰色马克笔的宽头继续刻画主效果图，增强产品的转折面，提升质感。

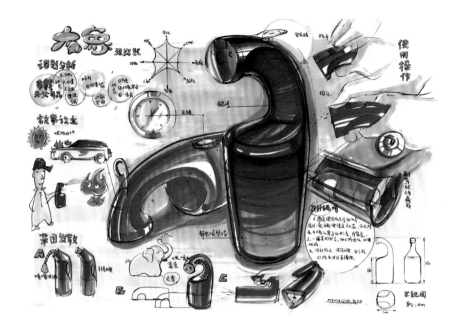

10 修整画面，使用高光笔在高光塑料的暗部转折处点出高光。

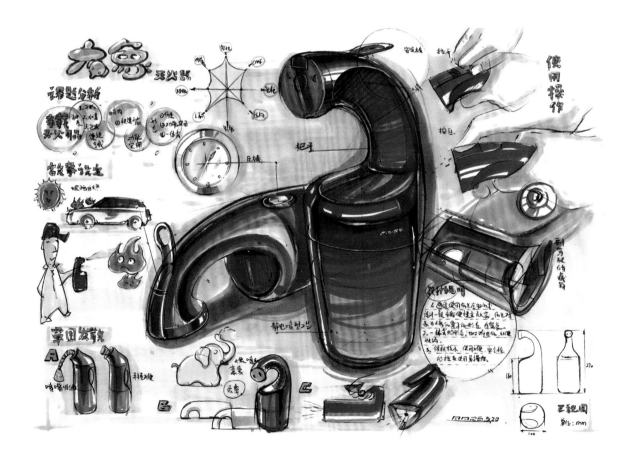

7.2.2 手持颈椎按摩仪快题绘制

手持颈椎按摩仪，使用电子技术模拟真人按摩的效果，可缓解颈椎病患者的疼痛感。市场上常见的颈椎按摩仪有手动式、振动式、脉冲式、揉捏式等几种形式。下面以右图所示的揉捏式手持颈椎按摩仪为参照绘制快题。

实物参考图

1.基本形剖析

01 绘制视平线，使视平线贯穿产品的每个功能部件。

02 区分大的体块，此产品是由梯形圆柱 + 扁状圆柱 + 横向圆柱 + 双规成型的不规则形体组合而成的。

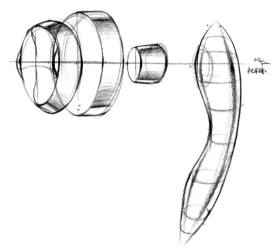

基本形剖析

2.绘制步骤演示

01 从功能较简单的圆柱体功能区开始绘制。

02 以功能区圆柱体为参照，按比例绘制出手柄的轮廓线。

03 绘制截面线，将平面转化为曲面体。

04 用铅笔在轮廓线和结构转折处加粗加重，使线条有轻重虚实的节奏感。

05 用铅笔表现明暗关系，先用铅笔的侧锋绘制出形体的转折面，再以排线的形式表现按摩工作区的黑色材质。

 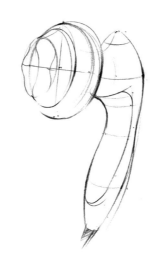 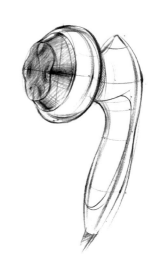

06 主视图绘制完成后，可以绘制出其他视图（正面视图或操作示意图等），以进一步丰富画面。

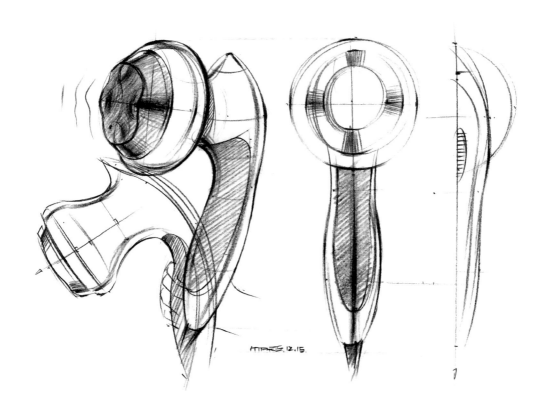

07 参考实物，逆向发散推演出产品的形态和排版形式。通过标题、分析图、故事板、草图方案等呈现产品的设计流程。使用229号、228号马克笔画出产品的主色调，用271号、273号马克笔为产品配件上色。上色时，用马克笔的宽头以侧锋按照形体的转折进行铺色。

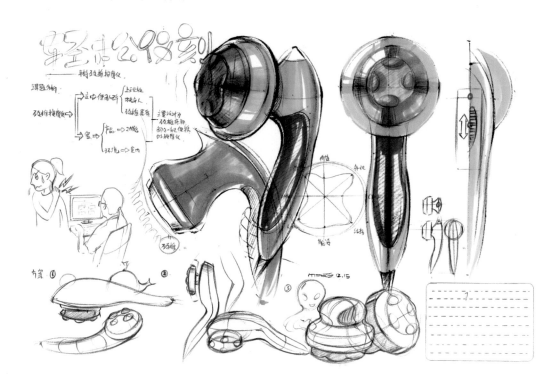

08 第二遍铺色。用44号绿色马克笔的宽头以侧锋进一步加强形体的转折，使色彩的明度对比更强。

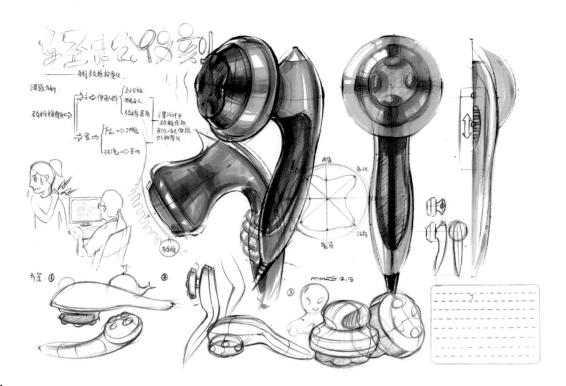

09 选用192号、109号紫色马克笔，以水平运笔的方式绘制背景，使整个画面的颜色形成对比关系。用178号、160号马克笔绘制标题，注意留出高光的位置，使标题更有立体感。

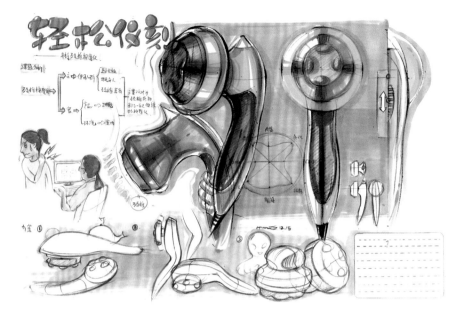

10 用199号马克笔的宽头以侧锋绘制与产品相交的阴影部分，用明度较低的彩色系马克笔绘制出草图方案的形体转折关系，用高光笔在高光塑料的暗部转折处点出高光，强化材质的质感。

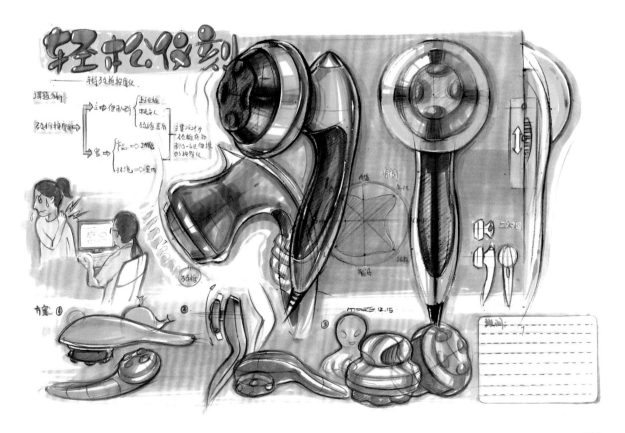

7.2.3 多功能打磨机快题绘制

多功能打磨机是较为常见的工程器械。在绘制多功能打磨机快题的过程中，需要先充分了解产品的功能和外观造型特征。下面以右侧所示的产品实物图为参照，绘制该产品的快题。

实物参考图

1.基本形剖析

01 观察产品实物图，从侧面更能展示其产品形态。

02 绘制出侧视图的轮廓线和主要分型线。

03 用不同色调的马克笔区分表现产品的材质。

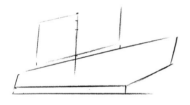
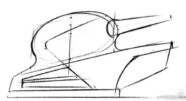

04 通过透视图的结构线与界面线，可以看出此款产品是由一个扁圆的球体和一个不规则的三角体组合而成的。

05 设定光源为顺光，用马克笔按照形体转折进行铺色。

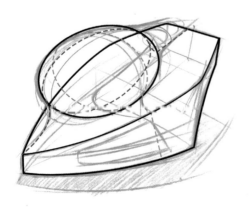

2.绘制步骤演示

01 根据前面对基本形的详细剖析，将产品以透视的角度绘制出来。

02 在绘制好的透视图上表现手的抓握状态，要先绘制出手的基本形。

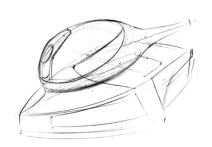

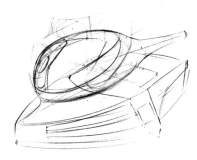

03 绘制产品的侧视图作为背景。因为打磨机的底部是粗糙的厚砂纸，所以还要绘制一个仰视图来呈现。

04 细化版面，绘制标题、头脑风暴图、产品分析图、方案草图、粗砂纸的更换示意图和碎屑收纳槽的打开状态图。

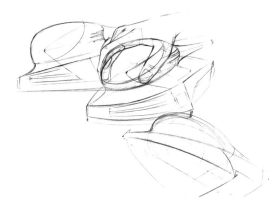

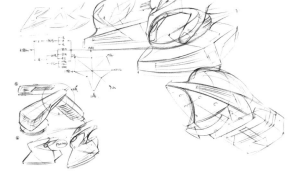

05 丰富画面，绘制出局部的开关细节放大图，表现细节的起伏转折关系。设计说明需要借助尺规来标明区域。三视图在整个版面中所占的面积相对较小，绘制在右侧空白处即可。

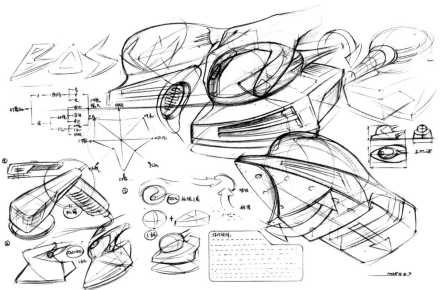

06 用272号、273号马克笔的宽头给产品的黑色部件铺色，注意留白；用70号、71号马克笔的宽头给产品的彩色部件铺色，也需要留白；用156号马克笔绘制细节部件。

07 根据手的形体转折关系，用246号和248号马克笔给手铺色。考虑主次关系，用与主体部件颜色相呼应的浅色马克笔概括表现透视图的转折。按照前面所讲的玻璃材质的表现方法，刻画出收纳槽的通透感。

08 为背景铺色，用192号马克笔的宽头整体水平铺色，用199号马克笔绘制主产品的阴影。

09 用肌理板辅助绘制产品的凹凸纹理细节。

10 收形阶段，用黑色铅笔加重轮廓，再用高光笔在高光塑料的暗部转折处点出高光。

7.2.4 手持扫描仪快题绘制

绘制手持扫描仪的快题需要学习者具有丰富的知识储备，要进行逆向设计分析和产品形态的发散。下面以右侧所示的实物为参照，以手绘的形式逆向绘制出快题，这样可以锻炼学习者的手绘表现能力和设计思维能力。

实物参考图

1.基本形剖析

01 观察实物，推演出产品侧视图的形态，进一步分析产品的造型。

02 按照基本形区分，可以将手持扫描仪分为4个基本的体块。

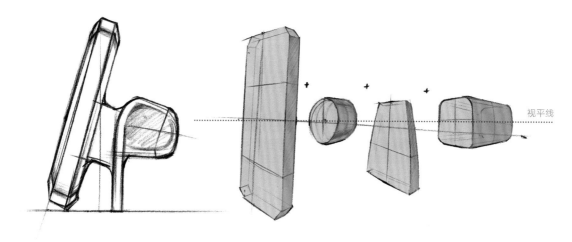

视平线

基本形剖析

2.绘制步骤演示

01 绘制三视图（侧视图、前视图、后视图）。其中，绘制后视图是为了进一步了解产品的体块穿插关系。按照两点透视原理绘制出产品的基本形。

02 通过对基本形的分析和三视图的绘制，逐渐对产品形态有了一定的了解，再绘制出后视透视图。

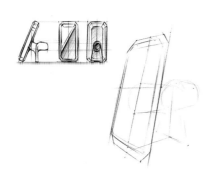

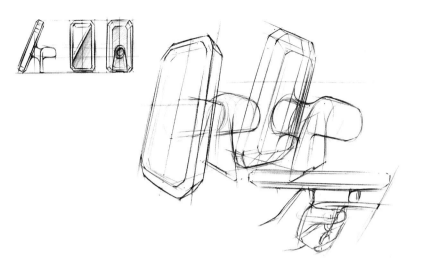

03 绘制手持状态下的场景示意图，人手抓握时的姿势与产品形成比例上的对比效果。

04 细化产品主体，绘制出中线和截面线，表现产品部件的起伏状态。部件与部件之间的分型线，需要用硬朗的线条表现。轮廓线要加重加粗，使产品的细节归纳在一个整体内。

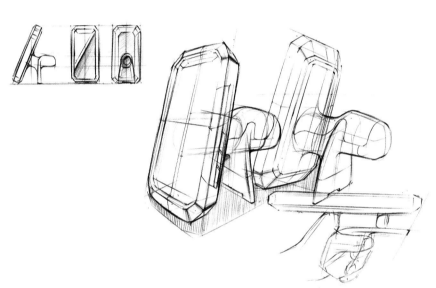

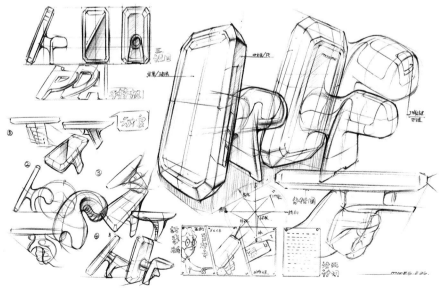

05 逆向发散绘制出产品的方案草图，从结构、人机、造型等方面绘制3个不同的方案。绘制故事板，表现产品的使用意图。从价格、人机、环保、功能、外观等多个维度绘制分析图，以表现产品的定位和特点。

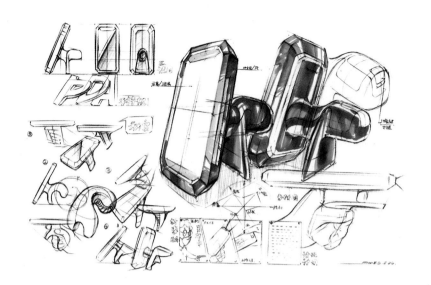

06 用马克笔上色，先用272号和228号马克笔的宽头按照产品的转折形态概括地铺出主体颜色，表达出产品的明暗关系。

07 用273号马克笔加强产品黑色部件的转折；用240号蓝色马克笔绘制出玻璃屏幕反光强、对比强的效果；用246号绿色马克笔给标题铺色，使其与产品的配件相呼应；用246号土黄色马克笔铺出背景色，先用宽头水平铺色，再用侧锋快速点缀画面，使画面更加活跃。

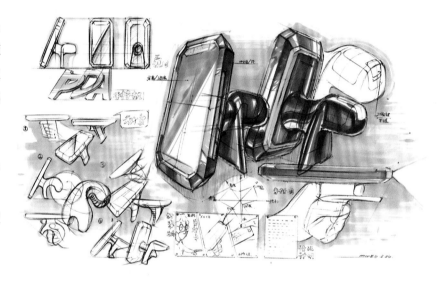

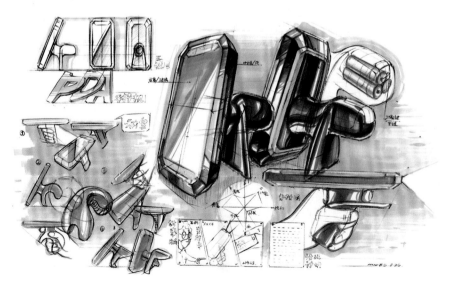

08 用272号马克笔快速绘制出方案草图的转折；用168号马克笔的细头绘制手的轮廓；用262号马克笔将电池的明暗关系表现出来，要呈现出电池等的内部结构。

09 用271号马克笔在产品黑色部件的高光处铺色，减弱明暗对比。大概铺出故事板区域的颜色即可。

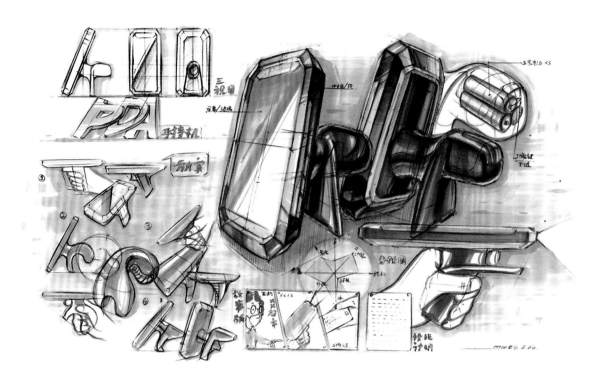

10 收形阶段，用黑色彩铅加重轮廓，必要时用168号马克笔的细头快速画出产品的轮廓。用白色彩铅在塑料部件的暗部转折处点出高光并画出白色分型线。

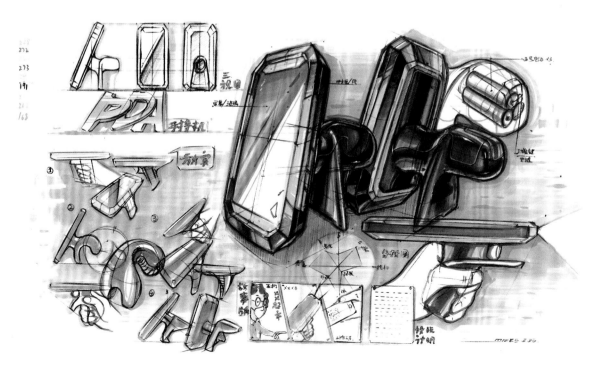

7.2.5 多功能电动切菜机快题绘制

随着人们生活品质的提升，为了满足人们提高制作食物效率的需求，多功能电动切菜机应运而生。多功能电动切菜机以电机驱动刀片切割食材，通常会配备不同大小的刀片。下面以右侧所示的产品实物图为参照，绘制多功能电动切菜机的快题。

实物参考图

1.基本形剖析

01 这个产品的造型是非常典型的，由基本形穿插组合而成。

02 用线条和色块将产品分为长方体、两个圆柱体和三棱柱。

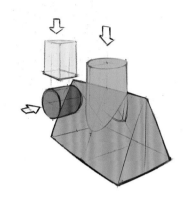

基本形剖析

2.绘制步骤演示

01 从底部的三棱柱开始绘制，根据两点透视的原理画出透视角度的三角形，向后平移得到三棱柱。

02 以三棱柱的中线作为参照，引出中心垂直线，绘制出圆柱体顶面的参考平面。

03 根据圆柱体顶面的参考平面绘制出垂直于地面的圆柱体，再参考实物图进行修改。

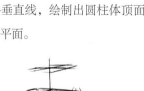

04 以三棱柱的中线作为参照，按照透视原理绘制出横向穿插的圆柱体和长方体。

05 参考实物图，逆向推画出大概的侧视图作为主体产品的背景。

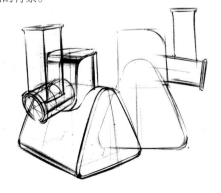

06 考研快题版面设计。

LOGO：因为这是几个基本几何形体穿插组合而成的产品，所以以"＋－几何"作为标题，以呼应产品的造型特征。

场景设定：在主体视图上绘制出黄瓜的形态，辅助呈现产品的使用方式和摆放位置。

草图方案：设计出5个形态不一的产品。

三视图：画出正视图、侧视图和俯视图，并标注尺寸和单位。

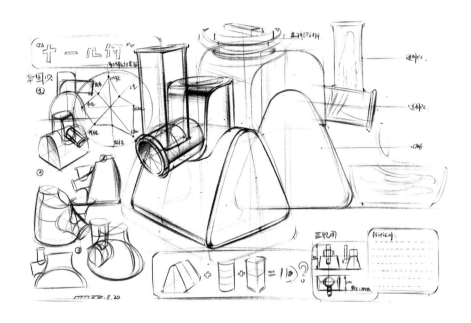

07 马克笔上色。用273号马克笔的宽头绘制出产品的侧面部件和透明部件，用229号马克笔的宽头表现主体部件的材质。

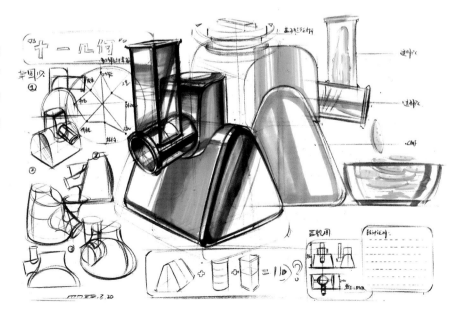

08 用271号马克笔的宽头快速铺出形体的转折面；用143号马克笔平涂出背景，使画面形成强烈的色彩对比效果。

09 收形阶段，用黑色彩铅加重轮廓，用149号和150号马克笔加重产品图的边缘和投影。用白色彩铅在塑料部件的暗部转折处点出高光并画出白色分型线。

08

第8章 仿生学在工业产品设计手绘中的应用

笔者平时喜欢看人与自然相关主题的纪录片，喜欢将动物运动的优美瞬间用手绘的形式记录下来作为创作灵感的来源，然后使用相应的设计方法并结合可行的技术方案去改造自然生物元素，设计出日常使用的产品。本章梳理了仿生设计的方法，以及仿生学在模拟设计项目和实际设计项目中的应用，希望能使读者产生新的设计思考点。

8.1 以手绘的形式记录仿生设计元素

仿生学，是模仿生物体和生物体生命过程、现象与功能的一门学科。随着仿生学领域的不断扩展和科学技术的发展，人们不仅模仿生物，还从大自然中汲取更多灵感。仿生设计作为一种造型方法不仅深受设计师喜爱，还能给使用者带来更多的乐趣。

工业设计大多以生物仿生为主。生物仿生在工业设计中的应用主要有6个方面：生物形态仿生、肌理质感仿生、生物结构仿生、生物功能仿生、生物色彩仿生、生物意象仿生。

在设计过程中，需要有选择地应用生物的某些特征原理，同时要结合已有的仿生学研究成果，为设计提供新的思想、新的原理、新的方法和新的实现途径。

日常设计手稿

8.1.1 水母仿生设计

1.灵感提取与创意发散

　　水母本身通透且发光，是很多灯具的设计灵感来源。水母优美的触须、透明的形体、顶部漂亮的花纹，都可以应用在仿生设计中。由此设计了一款装饰小夜灯，用手抓起时，小夜灯的支脚收拢；摆放时，支脚张开，给人以可互动的愉悦感。

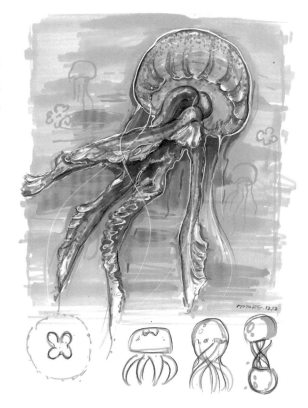

水母的灵感提取与创意发散

2.趣味水母小夜灯设计

　　设计深化时可充分结合前面所学的内容，采用透明玻璃球体的马克笔上色方法绘制出通透的玻璃灯罩。此外，还要绘制出人手抓握的示意图。

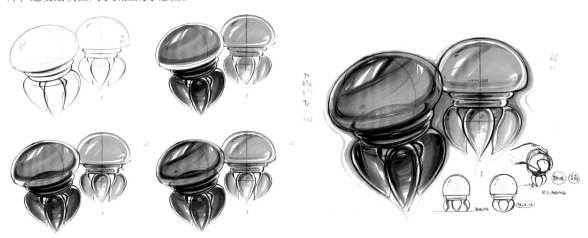

趣味水母小夜灯设计线稿和效果图

8.1.2 变色龙仿生设计

变色龙是一种奇特的动物，可以根据环境变化改变自己的颜色，以达到伪装的效果。人们根据变色龙的变色原理研发出了变色材料。目前常见的有3种变色材料：光敏变色材料、热敏变色材料、湿敏变色材料。

光敏变色材料是一种能在紫外线或可见光照射下发生变色的材料，当光线消失后，材料又可以还原原来的颜色。

热敏变色材料的内部结构会发生冷热变化，从而使颜色发生改变。

湿敏变色材料会根据空气的湿润程度，改变材料的染色结构。

1.灵感提取与创意发散

暖手袋设计：采用热敏材料设计出一款暖手袋，当暖手袋加热时，外表的热敏涂层材质由冷蓝色变成暖红色。当然，还可以扩展出不同的显示图案，让人觉得更有趣。

暖手宝设计：考虑抓握时的手感，外观采用扁圆形的基本形，凸起的"脊梁"采用柔软的硅胶材质，可以让人按捏玩耍。简化变色龙的形态后，也可以考虑用热敏变色材料做表面涂层。

休闲鞋设计：很多球鞋的设计会运用仿生学。无论细节的纹理还是颜色的搭配，都能根据仿生学设计出很多创新点。

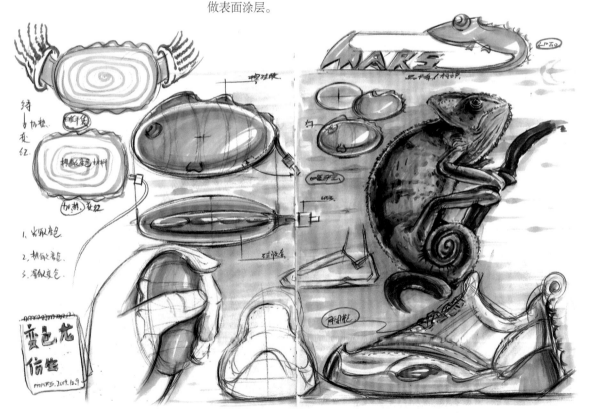

变色龙的灵感提取与创意发散

2.暖手宝设计

选定暖手宝的方向进行设计深化。

人机工程:鹅卵石的形态最适合人手抓握。

材质:采用细磨砂喷油涂层与软硅胶的类肤材质进行搭配,着重考虑手握的舒适感。小脚采用中空的软硅胶材质,握在手心可任意按捏,给人带来别样的愉悦感。

功能:5000mA的锂电池,满足为手机充电和支持自身工作的需要。眼睛部位:露出LED灯光,通过颜色变化显示电量。

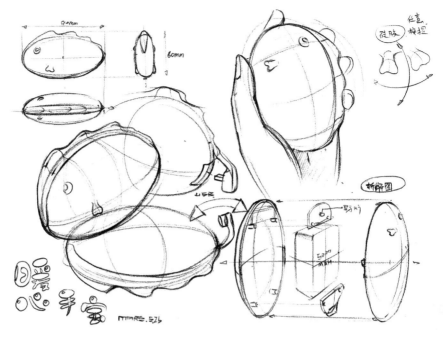

暖手宝设计线稿

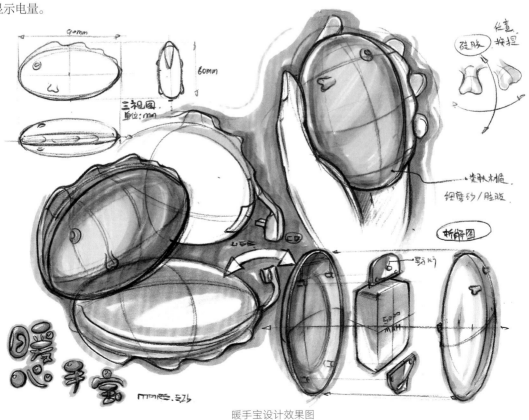

暖手宝设计效果图

8.1.3 小河马仿生设计

1.灵感提取与创意发散

看到萌态可掬的小河马，会第一时间联想到儿童玩具。将小河马的形态进行简化，赋予布纹材质。

Logo设计：用极简的线条概括出小河马的特点，呈现出品牌标志。

手动式转笔刀设计：转笔刀是常见的文具，儿童的转笔刀多以简化的动物形态呈现，色彩也比较鲜艳。在设计时，需要清楚地了解手动式转笔刀的结构和工作原理。

小河马的灵感提取与创意发散

2.河马宝宝转笔刀设计

深化转笔刀设计。

人机工程：手持抓握要舒服。

结构： 壁厚为3mm的塑料，保证产品的硬度；内部空间考虑螺旋刀的运转轨迹。

材质和颜色： 微亚光材质搭配鲜艳的喷漆效果。

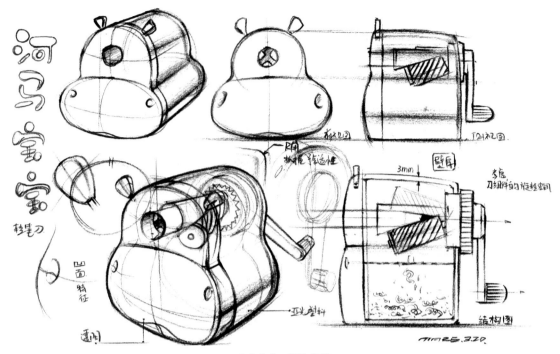

河马宝宝转笔刀设计线稿

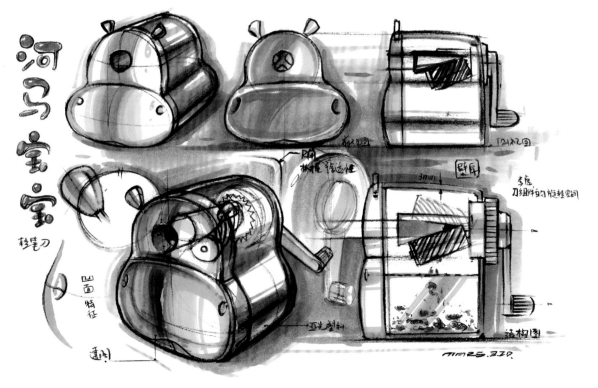

河马宝宝转笔刀设计效果图

8.2　仿生学在模拟设计项目中的应用

8.2.1　仿生设计发散

与鲸相关的仿生设计产品在市面上有很多，小到毛绒玩具，大到运输机都有鲸的元素。在设计发散前，要对鲸进行深入了解。鲸的种类有很多，如抹香鲸、白鲸、蓝鲸、座头鲸、虎鲸、一角鲸等，造型上也各不相同。下面笔者以座头鲸为参考进行仿生设计发散。

1.餐具储物盒设计

有的仿生设计需要满足生活中的需求，如厨房里有很多餐具无法收纳。市面上有很多餐具储物盒，可借鉴现有产品的功能和结构，结合鲸的形态做一次设计推演，于是设计出了一个透明的、有观察盖和底座导水槽的餐具储物盒。模拟鲸的肌理是该设计的一大特点，储物盒底座的导水槽既实用又美观。

2.水果刀设计

继续发散，做饭或切水果免不了要用刀具，可参照鲸优美的流线型形态，设计一个在开合状态下都很优美的水果刀。

3.VR眼镜设计

笔者在设计公司工作时，设计了一款一体式的VR眼镜，并得到了客户的认可。后面会详细讲解该设计的可实现性。

4.滑翔机设计

笔者小时候的梦想是做一名飞行员，但阴差阳错成了一名设计师。开不了飞机，那就设计一款滑翔机。滑翔机的设计难度相对于其他机型较低，可参考市面上的产品外观结构进行设计。

5.电熨斗设计

衣服的褶皱会影响人的衣着形象，所以仕所常备一个电熨斗或挂烫机是很有必要的。考虑到人机和功能的可行性，在外观设计时采用了再次仿生的设计手法，使产品的外观不至于显得太过"基础"。

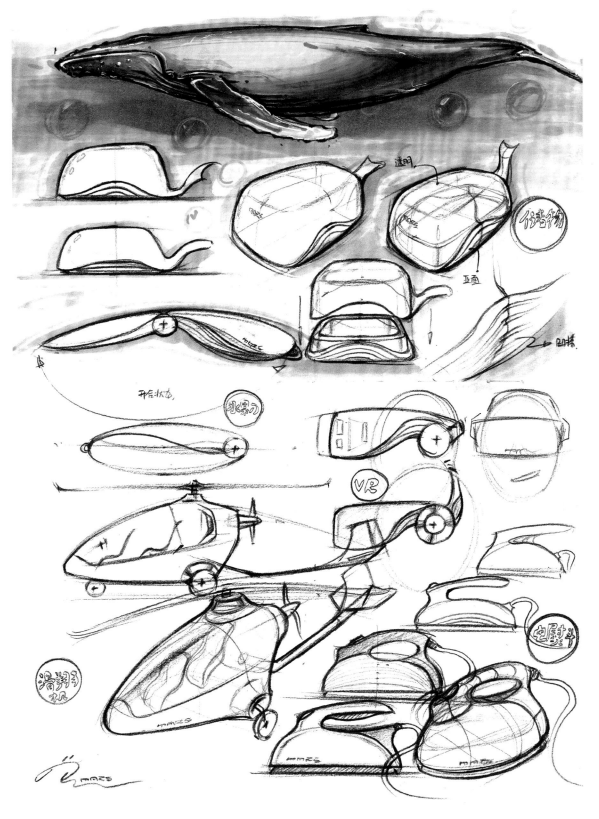

概念性草图

8.2.2 选定设计方向与草图深化

选定了电熨斗的草图后进行深化。拆解实物，了解清楚现有产品的结构和功能。有了产品拆解图做参考，在绘制草图时，比例和尺寸就不会出现太多问题。从能表达出更多造型信息的侧视图开始绘制，选定造型后转化为透视图，进行形态推敲。必要时可绘制设计拆解图来初步评估造型的可行性。此阶段需要绘制的是理解性草图和结构性草图。

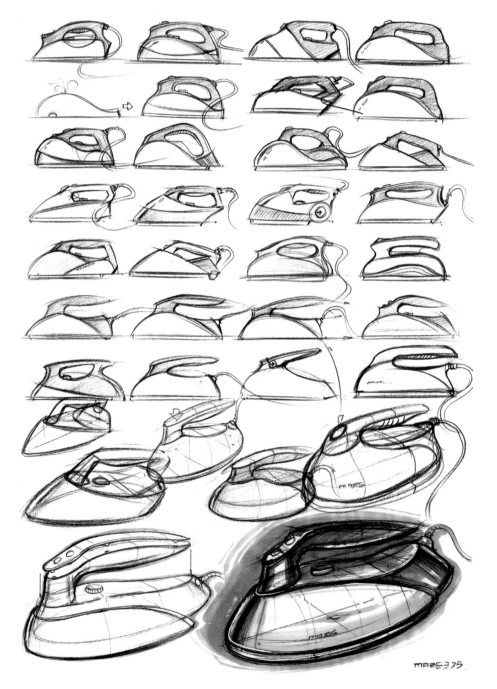

理解性草图和结构性草图

8.2.3 绘制设计效果图

方案草图选定后，绘制设计效果图。效果图要表达出设计的创新点、材质、工艺、颜色的搭配等，通常用来提案和进一步沟通。

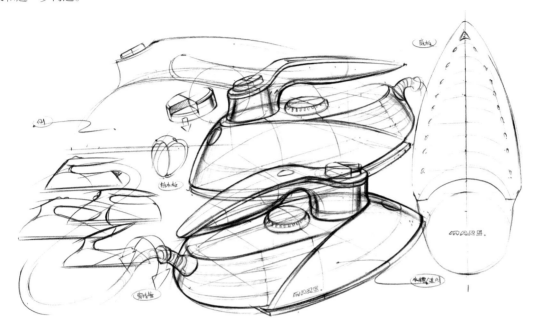

深化草图方案后的线稿

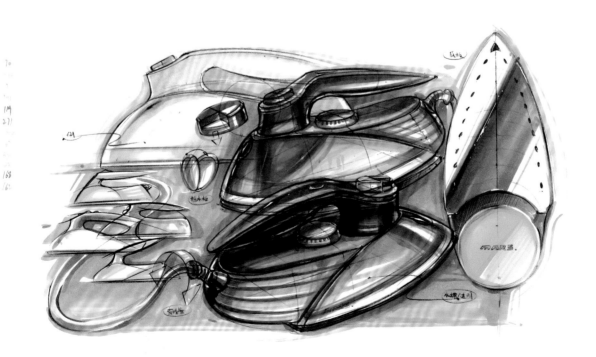

深化草图方案后的上色效果图

8.2.4 草模制作工具与制作过程

1.草模制作工具

　　草模制作是验证设计理念和外观设计方案的重要环节，有助于设计师建立起产品的空间感，在细节敲定和功能试验等方面具有草图所不具备的优势。特别是一些人机交互较强的产品，草模制作更是必不可少的环节。以下是经常使用的草模制作工具。

美工刀

防尘口罩

防割手套

大圆板尺子

辉柏嘉399型号黑色彩铅

聚氨酯高密度泡沫板（100密度，密度越大，颗粒越细）

砂纸（80目、280目、400目、800目，数字越大，颗粒越细）

锯子

小锉刀

2.草模制作过程

01 用铅笔在已经切好的长方体聚氨酯高密度泡沫板上画出三视图。

02 先用锯子将长方体聚氨酯高密度泡沫板切割出大体形态，再用美工刀切割出部件的具体形态。

03 交替使用小锉刀与粗砂纸打磨出机体的曲面，再用细砂纸打磨光滑。

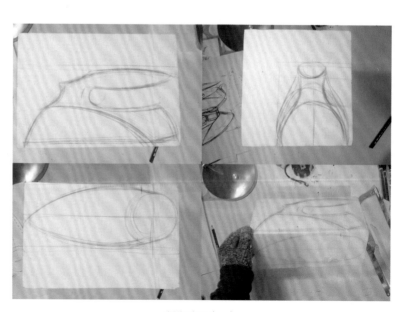

制作过程（一）

制作过程（二）

8.3 仿生学在实际设计项目中的应用

8.3.1 VR眼镜仿生设计

1.设计创想

　　这是笔者此前为客户设计的VR眼镜，内置独立的液晶显示屏、散热系统、蓄电池、信息处理系统；可连接Wi-Fi，用它能在线观看3D电影、玩游戏。因考虑此产品属于高端科技类产品，其设计特征应该更具科技感和未来感，所以在设计外观形态时联想到了鲸的流线型形态。

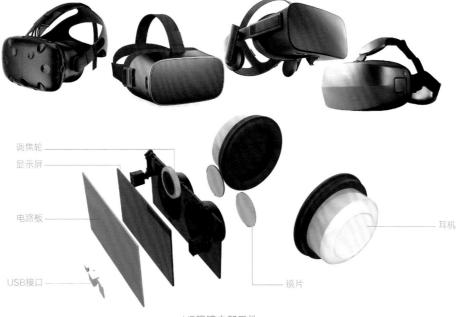

VR眼镜内部元件

2.设计草图

VR眼镜的整体外观造型借鉴了鲸的形态。因为需要散热孔散热，所以将机身底部设计成鲸的腹部肌理作为散热孔。在绘制草图时，需要用比例准确的人物头型来辅助作图，这样设计草图才不会在比例和尺寸上出现太大偏差。

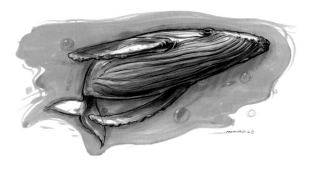

鲸鱼手绘图

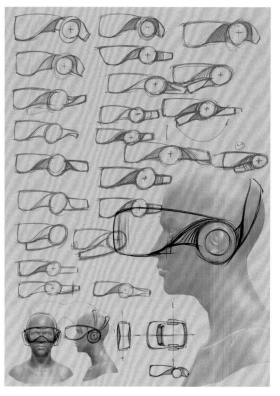

创意发散草图

3.设计实现

右图是被客户所选中的初稿方案，产品的曲线和形态很优美，结构上的可实现性较强，佩戴效果也不错，是比较有创新性的方案。细节上的仿生，并非多余。因考虑产品在工作时会产生热量，底部需要有散热孔，所以将鲸的腹部肌理融入散热孔的设计之中，既保证了散热功能的实现，又使外观更具有观赏性。

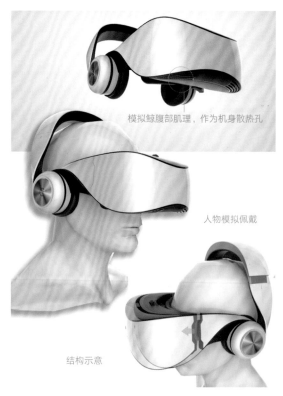

模拟鲸腹部肌理，作为机身散热孔

人物模拟佩戴

结构示意

设计的功能实现

8.3.2 热水壶仿生设计

1.设计创想

该案例是笔者曾经为客户设计的一款量产型热水壶，产品类型属于基础功能款。在设计调研时发现大多数现有产品的把手与底部是分开的。试想一下，热水壶发展到现在，技术已经非常成熟了，为什么外观上还是没有得到大的突破呢？对现有的一些产品进行拆解，了解了结构原理后，笔者决定设计一个新的造型形态。

产品调研分析

2.设计草图

此款产品的设计应用了仿生学的原理，借鉴了啄木鸟仰头的造型，壶口与把手连成一条完整的线，在视觉上更加统一。

基本要求：容积为1.8L；装水口的大小，要方便人手伸进去清理内胆污垢；内胆为304型号钢材质；外壳包裹塑料，防烫。

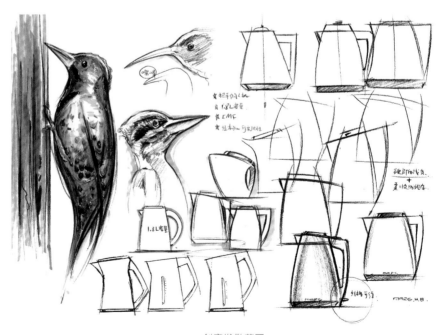

创意发散草图

3.设计实现

因为此款热水壶的前期定义是基础功能款，所以只需要满足烧水的功能，不需要其他功能。但要将1.8L容量的内胆融入设计之中，对整个外观的曲面质量还是有很高要求的。往往设计最难的并非创新型产品设计，而是传统型产品的设计，因其产业相对固定化，结构上的创新难度较大，设计外观时很难有更多突破。最后，很感谢客户认可和采纳这个设计方案，并将其量产出来。

设计实现过程（3D模型制作—结构实现—量产）

09

第9章 工业产品设计实战项目分享

本章通过设计实战项目介绍工业产品的设计流程，除了笔者的设计项目外，还有其他几位一线的资深设计师分享的他们进行设计实战项目的全流程，希望以此拓展学习者的视野。

9.1 打造"曲线之美"的直发梳设计——马赛

1.设计师简历

马赛

资深工业设计师，人民邮电出版社签约作者，设计教育从业者。现任亲子出行品牌逸乐途（Elittle）设计经理，曾任职于上海普象网，担任普象设计学院设计与教学总监。2019年受聘于南京工业大学、安徽师范大学、山东青年政治学院等院校，担任校企合作设计实践导师。2017年编写出版的《工业产品手绘与创新设计表达：从草图构思到产品的实现》一书已被数十所学校作为授课教材，受到师生的广泛认可。2021年出任全国学校冰雪创意设计大赛终审评委。至今参与过150多个设计项目，包括国家级创新设计项目，设计作品获得国内外20余项大奖。

设计寄语：设计是不断自我修炼与启发他人的过程。

2.项目背景

这个设计项目是笔者在NEWBORN纽邦设计公司担任创意设计总监时总体把控的，下面将介绍从最开始的项目沟通到项目落地的全过程。

传统的直发梳又叫烫发夹板，是一种可以把头发拉直的高温电子类产品。随着技术的不断升级，烫发夹板的外观形式也不再局限于夹子的造型了。

委托方要求设计的这款蒸汽式直发梳外观要时尚，操作要便捷，要具有女性化特征。

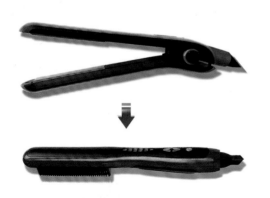

烫发夹板到直发梳的演变过程

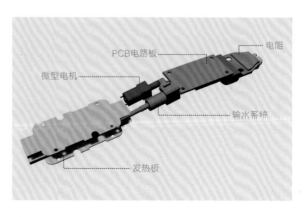

直发梳的内部结构

3.调研与分析

调研主要分为线上和线下两种形式。线上调研主要是在互联网商城搜集大量的同类型产品的资料；线下调研则是在各大电子商场实地了解产品的材质、工艺、功能，必要时拍下照片，作为调研记录。

拆解现有产品，分析同类产品的结构，通过对现有产品的结构设计分析，得出可以借鉴的优点，并发现可以对产品进行改良的地方。

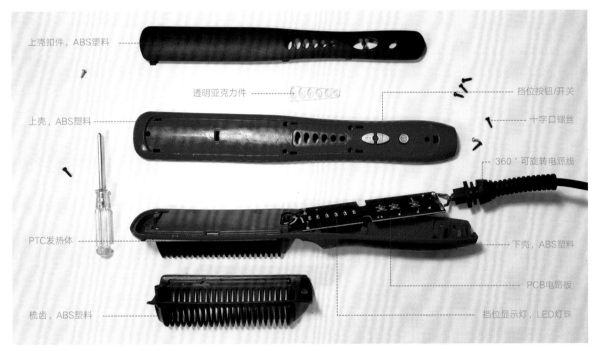

直发梳产品拆解图

从产品的属性上分析，这是一个便携的手持类女性用品，从人机上要考虑产品的抓握手感。用Photoshop将现有产品处理成线框图，可以更直观地了解产品的造型特征，这样有助于我们在产品外观设计阶段避免发生创意"撞车"的情况。

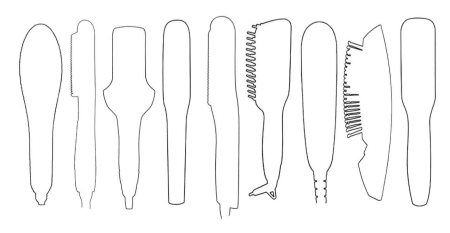

现有产品的形态分析

4.草图推敲

01 在前期草图推敲时，比例和尺寸很重要，可以借助方格纸进行草图推敲。受内部结构的影响，直发梳呈长形，草图推敲侧视图和顶视图。

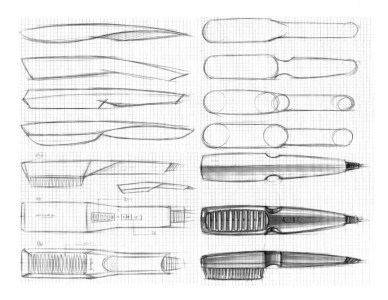

在方格纸上进行草图推敲   草图构思

02 绘制草图方案，这个阶段是将创意和可行性以手绘的形式呈现出来。

03 深化草图方案，结合客户的反馈，重新梳理方案，运用流线表现产品的侧面特征。

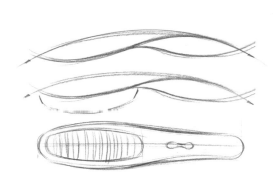

深化草图方案

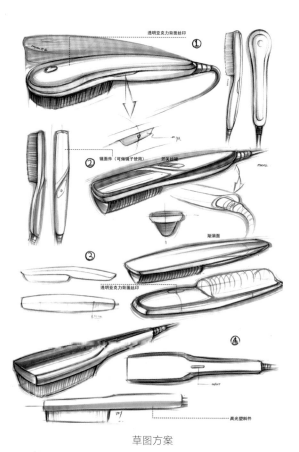

草图方案

04 草图规范，有机曲线是用圆和圆切出来的，这样的线条更简洁、更有力度。运用极简的设计手法将草图的线条规范起来。

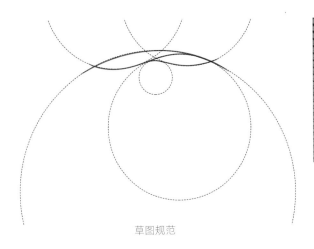

草图规范

06 发散画出不同的草图细节方案。

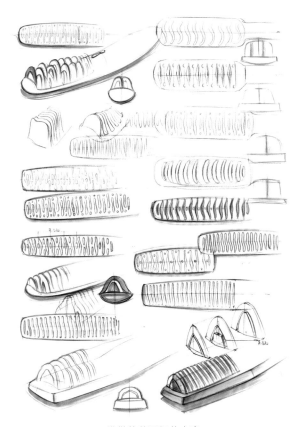

发散的草图细节方案

05 深入草图细节方案，一个产品无论是整体造型还是局部细节，都需要设计师重新设计。直发梳的发齿与头皮和头发直接接触，在设计时不仅要考虑功能和结构是否可行，还要考虑消费者使用时是否舒适。

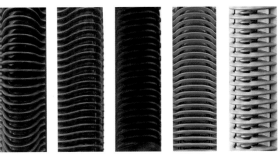

现有直发梳的发齿

5.三维建模

建模阶段，用Rhino（犀牛）软件将草图概念方案转换为三维模型，需要将客户给的内部结构文件与草图一同导入软件，在解决内部结构与外观设计之间产生的问题过程中要与结构工程师多交流。

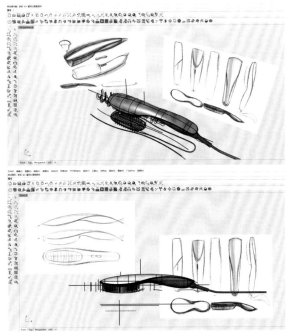

三维建模

在功能和结构可实现的前提下，将产品的结构重新排布。

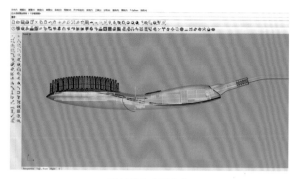

重新排布产品结构

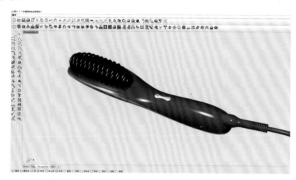

建模完成

6.效果图提案

在效果图提案阶段，需要将产品的材质、功能、配色以及使用场景图等制成幻灯片的形式提交给委托方。除了用效果图展示设计方案外，还需要搭配恰当的文字，以进一步阐述设计灵感和亮点。

侧视图展示

可以结合设计美学的知识来阐述设计方案，如流线型的外观，符合人机的握持感，以及时尚的现代感等。

侧视图曲线美学阐述

从不同的角度展示产品的细节。

不同角度展示

展示产品的配色方案，主体多用时尚鲜明的颜色来搭配。

配色方案展示

绘制使用场景图，选择女性抓握产品的姿态，在展示模拟使用的场景时，也要体现出该产品的实际尺寸。

使用场景图

7.结构验证与产品上市

外观确定后，与结构工程师沟通加工工艺（塑料注塑成型），对内部结构进行合理的设计。最终需要发送给手板厂制作结构模型，再组装成样机，验证量产的可行性。

敲定结构

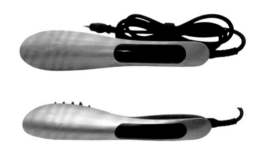

试量产的产品实物

产品展示海报

这款产品从设计到量产经历了多次结构与外观方面的调整，上市后的展示海报如右图所示。

9.2 绿色环保猫砂盆开发设计——李铁彬、杜孟彦

1.设计师简历

李铁彬

上海五石工业设计有限公司创始人，上海采邑科技有限公司CEO，"想方设法"设计讲座发起人。

设计寄语：设计职业生涯在继续，设计思考还在深入，内心真正喜欢设计的人，只有不断地学习，才能追逐你的设计梦想，专注于你的设计，经过时间的沉淀，设计才能成就你。

杜孟彦

上海采邑科技有限公司联合创始人，毛爪MAOZZZZ产品总监。

设计寄语：我的设计很纯粹，"发现问题玩转问题"是我目前比较有共鸣的设计解读。我热爱设计师的纯粹，这个身份的介入，会让世界变得很好玩。

2.项目背景

这个项目设计的是绿色环保猫砂盆系列产品，通过线下医院的推广，将环保理念带给养宠物的人，改变传统的养猫方式。

猫排泄的问题一直困扰着养猫的人。当人出远门时，没有足够的盒子或箱子来做临时猫砂盆；当幼猫长大后，丢弃的小塑料猫砂盆既浪费又会污染环境；当猫生病住院时，有人会担心医院的猫砂盆没有消毒干净而导致自己养的猫交叉感染。

此外，人们现在在线上购物所产生的快递盒、包装盒也很浪费，并且部分会造成环境污染。

3.设计草图

根据项目背景展开设计构思并绘制出产品的设计草图。

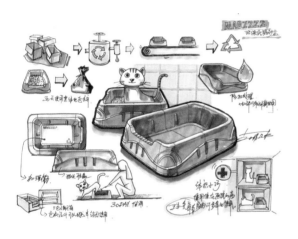

4.设计深化

通过对材料的创新应用，研发出一款能够解决上述问题且更环保的猫砂盆。

爽抛猫砂盆颠覆了传统的猫咪粪便处理方式，养猫的人再也不需要清洗猫砂盆，直接扔掉即可。这款猫砂盆采用回收纸作为基础材料，环保且可降解。

相比塑料产品，纸做的产品强度相对较弱，需要通过巧妙的结构设计来弥补材料强度的不足。设计灵感来源于猫的头，整体造型模仿猫的头型，通过凹凸的造型变化来提高产品的整体强度。

在现有工艺允许的范围内，通过手板模型实验得到大小相对合适的产品。

根据设计进行三维建模，并对产品的细节进行深化设计。

渲染出产品效果图，展现产品的设计效果。

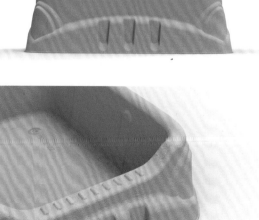
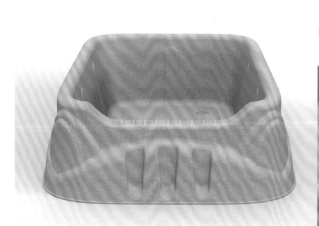

5.产品生产制作

完成了基础的设计工作，就开始进行生产制作。首先要做的就是回收纸，并进行整理和分类，将分好类的材料经过高温消毒并搅碎后变成制作湿胚所用的纸浆。

湿胚成型，成型后的湿胚通过日晒的方式自然晒干。

晒干后的胚体经过高温高压处理，表面原本皱巴巴的凹凸纤维质感变得平顺了，最后对胚体进行修边整形。

到这里并不代表产品可以上市了，因为需要针对产品可能存在的问题进行一些测试。首先是产品结构的强度测试，确保产品至少能够承受猫的踩踏和快递过程中的撞击。其次是产品的防水测试，通过多次对防水材料比例的调整，得到可以满足防水要求的材料比例。

6.产品上市

如今爽抛猫砂盆正在各大宠物医院及宠物店推广使用中，大大减少了工作人员清洗猫砂盆的工作量。产品散发出猫咪最爱的淡淡纸壳味，就算换了环境也能安稳地待着。

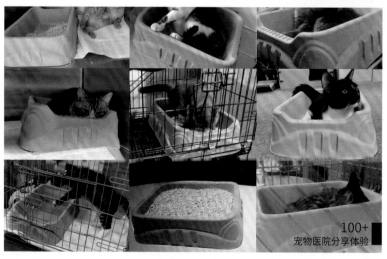

7.产品迭代

产品上市之后，根据用户反馈，搜集有效信息并进行总结。有些消费者反映爽抛猫砂盆对10斤以上的猫来说太小了。

消费者的真实反馈能够提高我们对产品迭代设计的准确性，因为当时爽抛猫砂盆的尺寸是基于对消费者的使用场景预判和工厂生产制造的可行性而设定的，若要加大尺寸，那之前的生产可行性将会降低，甚至面临更换工艺的情况，这就需要提出新的解决方案。

透明的塑料件对加工工艺的要求很高，不仅考验工厂的制造能力，也考验设计师判断良品的能力。

抛光、修模、上机、下机，来来回回测试了很多次，就是为了能够提高良品率。

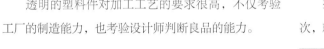
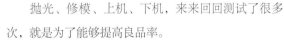

上市后使用场景

面对不同的需求，产品设计只能一步一步升级，尽可能地完善系列化产品的适配性。如何用爽抛猫砂盆的工艺制造出消费者所希望的产品大小，使产品完全达到免洗化，这是产品迭代需要解决的问题。

为了增大尺寸，我们取消了爽抛猫砂盆的大翻边，这意味着产品的强度将会减弱。为了提高产品的良品率，将拔模角从原本的十几度调整为6°，为了让产品更坚挺，沿用了原本的仿生结构。

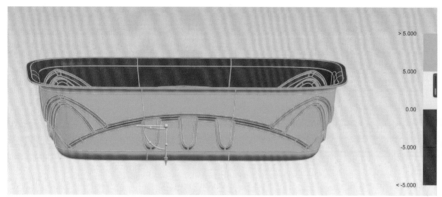

在我们与工厂的共同努力下，这款产品得以实现，并获得了金点奖和红星奖。

产品荣获金点奖　　　　　　　　　　　　　　产品荣获红星奖

9.3 "声音的设计"喀秋莎音响——任峰

1.设计师简历

任峰

深圳巫品牌耳机工作室创始人，曾任硕美科耳机品牌经理、雅兰仕音响销售总监与产品总监、欧凡产品总监。

设计寄语：为探索更有趣的设计！

2.项目背景与设计动机

早期的蓝牙音响主要满足无线便携、三防（防水、防尘、防震）等功能性需求，而现在人们除了有这些功能性需求外，还对音响的音质有了更高的要求。

从声音的角度考虑，在当今以声音渲染，尤其是以低音渲染为主的时代，我们想做的这款产品要求中、高、低频都非常干净，发出的声音要具备高还原度和高解析度。

从交互的角度，Hi-Fi（高保真）音响通常都比较大，它是一个系统，有独立的功放和独立的CD机，还需要连接很大的无源音响，这种音响的最大问题是操作烦琐、复杂，占地空间大，对播放空间的声学条件要求非常高，且价格昂贵。

因此，设计的这款产品还要解决造价高、体积大、对空间声学条件要求高和操作复杂等问题。

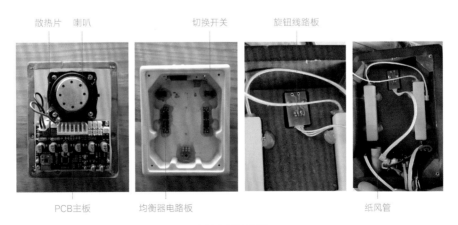

产品内部结构图

3.设计构思

为了让声音得到高还原、高解析，这款产品采用了AB类功放（模拟功放）功能，上面的全频单元使用全金属的腔体。为了解决三段均衡的问题并使低音更真实、还原度更高，使低音喇叭朝下，放在一个木质的开放腔体里。根据构思绘制出产品的设计草图。

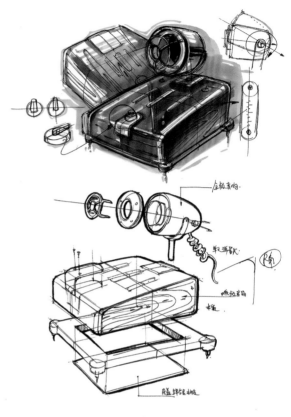

设计草图

4.材质与结构

为了传达出人情味和厚重稳定的感觉，这款产品的材质与结构参考了天朗的独立高音号角和苏联时期生产的一个话筒。产品的主要材质为金属和木，开关结构为机械式的。

实木机体   内部元器件安装   内部结构图   沉台定位

产品结构

产品样机展示

5.作品诠释

这款喀秋莎音响采用了双单元的设计，也就是通常所说的两个喇叭。上面像话筒的是一个全频单元，主要负责诠释中高频，中高频在金属的腔体内使泛音更加清脆明亮。而另一个单元藏在实木底座里，主要负责诠释中低频，利用木底座到桌面的距离形成一个声音空间，让低音更饱满浑厚。在底座的后面还有一个低音导向孔，能推动内部空气振动发声，拓展低频的下潜力度，保证产生更好的低音效。

4个镀金小脚垫的设计对音质提升也有巨大的帮助作用，金属材质不容易导震，而且不导低音，垫高后底下的腔体变大，低音的反射度小，加上排气管的设计，底座腔体里面的空气能够有序地排走，让低音更加明显。

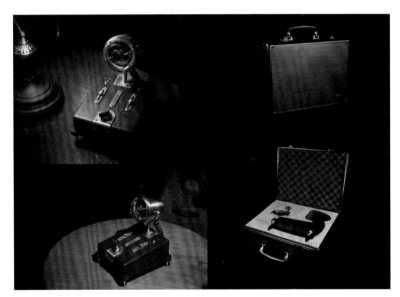

产品及包装展示

6.其他设计作品赏析

巫品牌主张声音细分的声音美学。不同风格的音乐呈现出多样的情绪之美，而声音细分后进行差异化产品设计则可强化不同音乐所传达的情绪，如右图所示的CD唱机和唱盘式八音盒，均是为了表现不同的声音而设计的。

CD唱机　　　　　　　　　唱盘式八音盒

9.4 "轻"家具的设计探索——贾文龙

1.设计师简历

贾文龙

上海牛勿家居设计有限公司创始人，曾任洛可可设计集团项目经理、SHAP高级设计师。设计作品荣获红点奖、IDEA奖、红星奖、中国好设计奖。

设计寄语：做设计需要两点"天生"（天生的好奇心和天生敏锐的大脑）和一点坚持，还要有强大的执行力，把你认为有趣的事情做出来并传播出去。

2.项目背景

该项目源自小户型的生活体验，在本就不宽敞的房间里，传统的床头柜、茶几、置物架占据了大量的空间，实际上这些家具并没有多少用处，因为真的没有空间摆放那么多家具。

生活中真正需要的可能是晚上睡觉的时候放手机的家具，在客厅看电视的时候能放遥控器和零食的家具，在阳台看书的时候能放咖啡杯的家具。那么能不能设计一个多用途的家具呢？既可以一物多用，又可以灵活移动，满足各种临时储物的需求，于是一个"轻"家具的设计需求便产生了。

3.设计思路及设计方案

针对家具的设计定位展开头脑风暴。

根据头脑风暴筛选出目标人群和产品设计的大致方向。

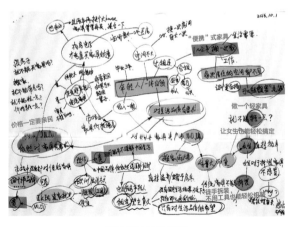

设计定位头脑风暴

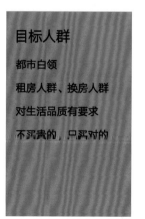

目标人群

都市白领

租房人群、换房人群

对生活品质有要求

不买贵的，只买对的

产品设定

可以陪租客流浪的置物架

让女生也能轻松搞定

徒手安装

不大笨重

一定要轻

价格要亲民

目标人群和产品设计方向

4.草图推敲

草图记录着设计师的想法——外观是否好看、结构是否可行、包装如何设计等。当设计师开始设计一款产品时，脑海里总能闪现出很多外观形状和结构形式，可以用草图快速地记录下来，当草图积累得越来越多的时候，就要暂停下来，过一个星期或半个月再看这些草图，分析哪些结构好像不行，哪些结构值得继续推敲；对于外观也一样，可能当时觉得好看的外观，等回过头来再看时就会觉得有些草率了。

总之，草图就是一个研究和记录想法的过程，围绕着一个想法不断地重复思考，用来帮助设计师找到最合适的，而非一时的冲动的设计方案。

草图推敲

设计过程中除了在草图上推敲外观造型外，还要思考产品的实际应用性，包括材料应用、结构测试、生产工艺的可行性、包装仓储和用户组装等问题。

结构性草图

5.产品打样及生产

在工厂里打样或是生产都是在与制作工艺打交道，设计一个产品不能仅靠空想，还要结合工厂的生产实际确定生产工艺是否可行，成本是否在预算范围内等。如果设计给生产带来很多麻烦，就会导致生产效率降低而成本增加，但创新的设计总有需要坚持的地方。如果觉得设计的点非常有必要保留，而工厂又觉得可能会给生产带来一些麻烦的时候，就需要设计师特别注意。与工厂认真沟通和研究问题的严重性以及解决问题的方法后，还要付诸行动去做测试，以实现保留设计方案的目的。

6.设计呈现

这是一款以"轻"为设计主题的置物架，实物在视觉上比较轻盈，实际的重量也比较轻，一拎就走，整个产品仅重1.1kg。

消费者会惊讶地发现，家具原来可以这么轻巧又实用，像是家里的移动储物台，可以拎到沙发边上做边几，也可以放在床头当床头柜，又或者是放在阳台上当茶桌。

这是大而笨重的传统家具所无法做到的，也是这款产品的一大特点。

产品打样及生产过程

产品展示

9.5 设计关爱与服务视障群体——赵利冬

1.设计师简历

赵利冬

杭州鼎典创造体设计有限公司设计总监、合伙人。设计作品曾荣获红星奖、IF奖、红点奖、金点奖、DIA中国设计智造大奖金奖等。

设计寄语：设计是平衡商业、产品及产品各要素的有序组合，以实现务实、合理的创造。为美好世界而设计。

2.盲文电脑设计

这款盲文电脑是针对视障用户的便携式智能电脑，可帮助视障者在学习或工作中阅读书籍、做习题、记盲文笔记、听书等。

电脑内有大量的盲文版电子书，有写不完的盲文笔记本，可实现笔记的电子化云端存储；自带可刷新、可触摸的盲文显示器及双扬声器，方便触摸阅读与语音引导，也支持实时进行盲文转换。这款电脑还可以通过蓝牙与手机和普通电脑相连。

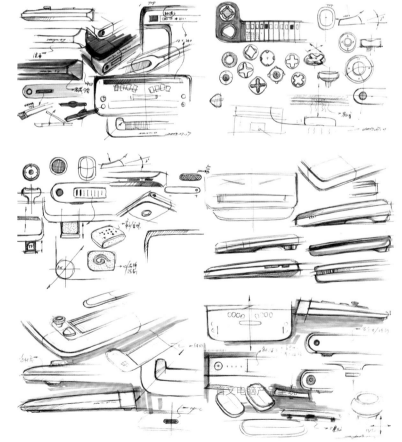

盲文电脑草图方案

盲文电脑产品展示

3.盲人智能视觉辅助眼镜设计

该设计将三维立体信息技术应用到视觉辅助产品上，首创了立体交互系统，经过特殊编码的立体声音可以使人在脑海中"虚拟"出环境信息。

这款产品利用摄像头采集图像等信息，对图像中的信息进行深度处理和分析，将内容转化为语音，通过骨传导耳机让盲人听到。

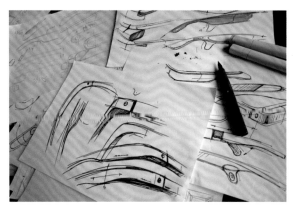

盲人智能视觉辅助眼镜草图方案

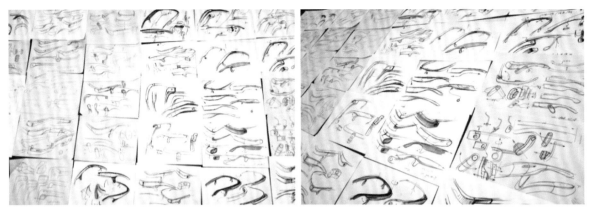

设计草图推敲

　　盲人智能视觉辅助眼镜包含可触控操作的手指触摸板及更智能的芯片，配合专门设计的盲人导航APP使用，具有路线记忆功能和场景定位功能，可快速识别前方的路线和场景，导航提示更加精准，常用的线路可轻松收藏，可一键导航；具备文字识别功能，便于盲人接收文字信息；还具有视频辅助功能，可以向使用者的亲友、志愿者等一键发送求助视频，极大地改善了盲人的出行方式及生活方式。

盲人智能视觉辅助眼镜产品展示

9.6 "柔和的光"小夜灯设计——李文凯

1.设计师简历

李文凯

资深工业设计师，现任杭州涂鸦信息技术有限公司工业设计主管。主导的产品曾荣获红点奖、IF奖、红星奖、A' DESIGN铜奖、K-DESIGN银奖、ASIA DESIGN奖、广东省长杯银奖、金点奖、DIA中国设计智造大奖等；设计量产的产品累计销量超百万件；获得发明专利2项、实用新型专利2项、外观专利100多项。

设计寄语：好的设计总是可以自然而然地表达自己，不需要过多的赘述，能让人一目了然，清晰易懂。

2.项目背景与市场分析

这款小夜灯是为了方便人们起夜而设计的。例如，宝妈在夜晚给宝宝喂奶时，担心开灯惊醒孩子，大多会摸黑进行；大多数老年人晚上起夜次数多，经常摸黑找电源开关。所以本项目针对上述问题进行研究和设计，以提升人们的生活品质。同时，也要对市面上的竞品进行调研和分析，以便找到最优的解决方案。

潜在需求： 能协助抚慰孩子（如播放音乐和故事书等）。

基本需求： 适当的光线照明。

满意需求： 光线柔和，能根据使用者的行为改变发光时长，如人来即亮，持续15秒后即灭等。

使用者分析

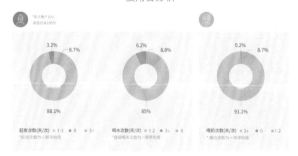

使用者行为数据分析

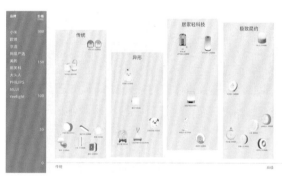

现有产品形态分析

经过调研分析与研究，得出一个大致的设计方向，产品以简约外形为主，且惹人喜爱，造型上具有柔和圆润等特点。根据这一设计方向发散出产品的安装方式、供电方式和采用的主要技术及配件等内容。

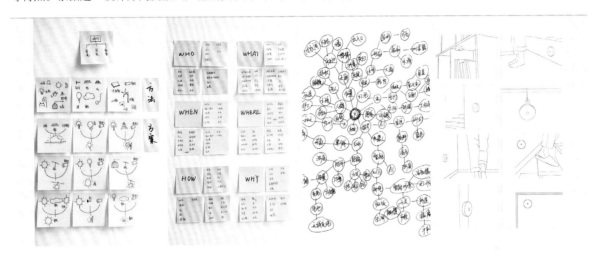

设计思维发散

3.设计思路与设计草图

草图分为前期草图、二维效果图和结构分析图3部分，从前期绘制的大量草图中选择一个最佳的方案进行优化，以达到理想的效果。在设计这款小夜灯的时候，希望造型与功能紧密结合，通过造型和材质等使发出的光柔和且均匀。

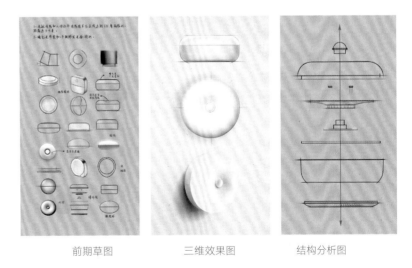

| 前期草图 | 三维效果图 | 结构分析图 |

4.三维建模与渲染提案

草图绘制完成后，根据评审意见进行1∶1的三维建模，在继续深入细化设计方案的同时，要充分考虑产品的分件形式、拔模角度、材料及生产工艺等。三维建模完成后进行效果图渲染，以清晰表达出产品的形态、使用方式和材质等。

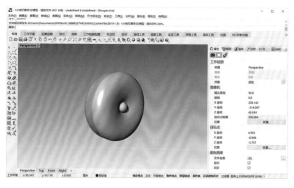

三维建模 效果图渲染

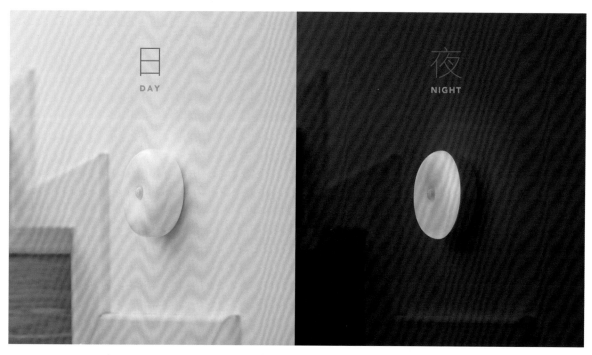

产品效果图展示

5.结构设计

结构设计时需要考虑产品的功能需求、外观需求、结构件成本、可制造性、模具寿命、可靠性、可测试性、可装配性、整机测试等因素。结构设计师要与负责硬件、热学、光学及射频等工作的相关人员共同合作来完成这款产品的结构设计。

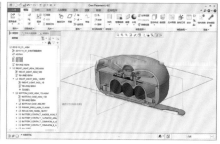

结构设计

6.手板测试验证

多次打手板验证，利用结构手板反复测试灯光效果，找到灯光柔和且均匀的最佳方案。

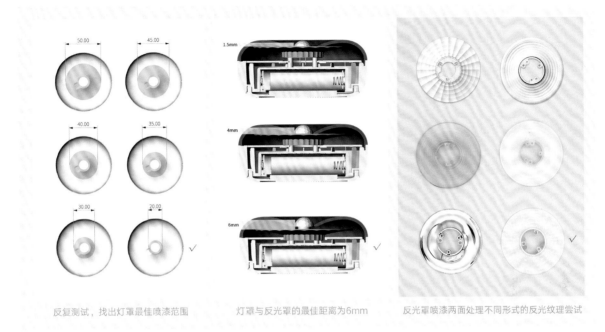

反复测试，找出灯罩最佳喷漆范围　　　　灯罩与反光罩的最佳距离为6mm　　　　反光罩喷漆两面处理不同形式的反光纹理尝试

手板测试验证

为了获得精准的感应效果，该产品采用了菲涅尔透镜、光敏传感器和人体红外传感技术，感应区域达到120°扇锥形，感应距离为3~5米。外部采用一体化灯罩设计，增大了有效发光面积；内部采用鱼鳞状全反射结构，将光高效反射至漫反射片上，均匀打在扩散罩上，形成了柔和渐变的光效。

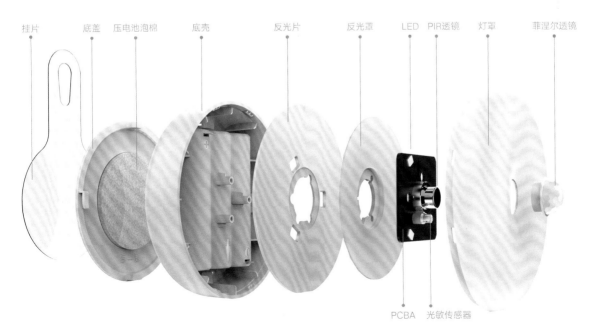

产品爆炸图

7.模具制作

结构设计完成后，工厂根据产品外观需求制作模具，用于批量生产产品。

模具制作

8.跌落测试

将小夜灯的样品置于距地面0.8米的空中使其自由落地，反复3次，检查产品外壳的破损情况。

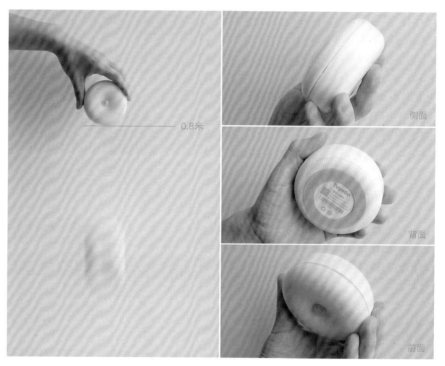

跌落测试

9.灵敏度与吊重测试

通过多人反复测试小夜灯的发光灵敏度，3秒内发光为可接受的状态。

将两个小夜灯粘贴在一起48小时，测试3M胶是否脱落，脱落即为不合格。

灵敏度测试　　　　　　　　吊重测试

10.产品小批量试产测试调整

小批量试产100台小夜灯，进行内部结构的性能测试和安全规范测试，同时邀请专家和用户使用产品并提出修改意见。

11.其他设计作品赏析

大多数火车车厢都有两个入口，而人们都是就近选择其中一个入口进入车厢。在学生时期，设计师经常往返于杭州与武汉两座城市，坐火车的时候会经常被堵在车厢里，有一次设计师的前面是一位抱着孩子的母亲，而她的座位离她较远，离另外一个入口却很近，火车开动时，她才走近位置坐下，设计师开始思考，如果抱孩子的母亲当时选择从另一个门进去，会不会能快速坐下，如果所有乘客都选择与自己座位相距较近的入口进入，车厢内是不是就不会拥堵了。

车厢内情况及俯视示意图

设计师的这一设计很好地解决了上述问题，在原有车票上增加了座位引导图，乘客可以快速找到入口和自己的座位，避免了拥堵和不必要的等待。

设计展示

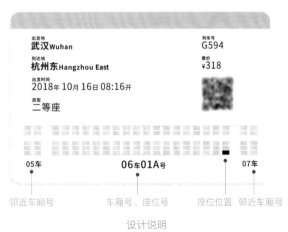

设计说明

9.7 为儿童设计的"护眼甲"——陈深泉

1.设计师简历

陈深泉

资深工业设计师，深圳市蔚科工业设计有限公司设计总监，曾担任深圳市意臣工业设计有限公司项目经理，在智能家居、穿戴科技类产品设计方面有丰富的经验。具备敏锐的眼光，主导设计的多款产品已上市。2017年创办深圳市蔚科工业设计有限公司。

设计寄语：设计源于生活，细节成就品质！

2.项目背景

儿童产品具有非常广阔的市场。特别是在保护视力这方面，现在越来越多的儿童用上了智能手机，过度用眼对健康造成伤害，近视率居高不下。该项目的委托方在护眼产品领域已深耕多年，此前为青少年开发了多款护眼镜片、测距仪等。而该项目的设计目标是为儿童提供一款隔离手机蓝光的测距仪，名称为"护眼甲"，寓意是像盔甲一样保护儿童的双眼。

这款产品需要具备两个功能：一是过滤手机的蓝光，让人眼更舒适且不影响使用手机；二是要有测距警报功能。

根据客户提出的"护眼甲"理念，我们首先需要想象怎样的产品会受儿童的欢迎。经过一番探讨得出一个结论：这是一款在儿童眼里具有机甲趣味性且便于操作的测距仪，在家长眼中是高端的护眼产品；在使用过程中它是"尽职"的，平时又能像机甲摆件一样具有观赏性。因此，我们找了一些可能会带来灵感的参考物，如钢铁侠、高达等，造型语言偏硬朗，具有科技感和安全感。

委托方要求这款儿童使用的防蓝光测距仪可玩性要高，且易拆解方便携带。

3.设计思路及草图分析

国内儿童用品的市场规模巨大，超半数的儿童观看在线节目时会用手机、平板电脑等可移动电子设备。许多家长以过度观看移动电子设备伤眼为由，限制儿童的使用时间。市面上的测距仪多为红外线及雷达两种，本产品选用红外测距。受众群体为儿童，产品本身需要引起儿童的兴趣，使他们愿意在观看移动电子设备的过程中搭配使用。因此，这款产品需要采用夸张立体的机甲造型，以及大胆的配色。

在绘制草图的过程中要思考产品多种形态的变化，以便确定最终的造型。

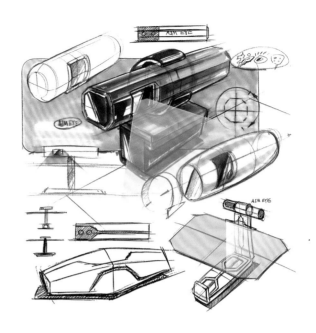

4.建模呈现

除了优秀的手绘表达能力，设计师还需要熟练掌握建模技能。在建模过程中会涉及模型的折叠、部件角度旋转等问题，这些问题在建模过程中处理好，可避免在后期对外观做较大的调整。

如何拆解产品的部件，让产品更便携，同时又符合机甲的设计理念，这些在建模过程中需要考虑到并处理好。

建模过程中还需要考虑一些细节：因为红外测距仪对人体的有效角度是有要求的，所以测距仪的卡口需要使用硅胶内衬以方便转动角度；防蓝光片与主体的结合方式为磁吸，主体与底座通过按钮释放可以放平，能被规整地装进包装盒；使用过程中防蓝光片需要与手机屏幕保持一定的距离，以方便手指操作；整机底部需要旋转支架，以满足观看角度的变化。

建模推敲细节

5.效果图提案

效果图的制作非常重要，将设计方案最终以效果图的形式呈现给委托方，给委托方留下好的印象。除了绚丽的材质光影效果，还需要展示产品的折叠方式，向委托方阐述设计理念。好的效果图更容易让委托方认可设计方案，并能为设计加分。

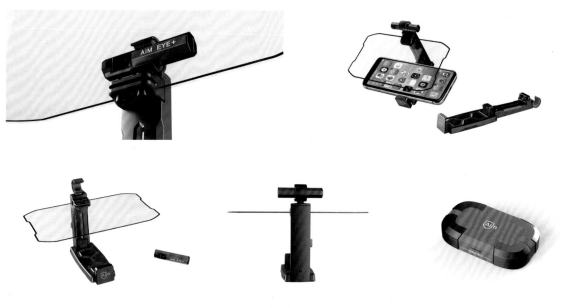

产品效果图

6.产品实物展示

产品实物展示

9.8 儿童智能电动牙刷开发设计——顾熠琳

1.设计师简历

顾熠琳

珠海大犀科技有限公司产品总监，有十余年的产品设计与开发经验，荣获国内多项设计大奖。

2.项目背景

这是一个创业团队从零开始，自建品牌，自主研发，亲身投入市场运营的完整产品开发项目。涵盖了立项、策略制定、品牌设计、产品设计、智能硬件开发、供应链管理、营销策略制定、资本运作等完整流程。这个项目既是对团队操盘能力的挑战，又是验证、调整、重塑设计经验的过程。

整个项目涉及非常多的商业和资本运作因素，在看得到产品生命周期全景的情况下，设计决策就变得异常艰难且复杂。这不再是漂亮的草图、高质量的三维曲面效果图和高级感的视觉效果所能够表现出来的。

要想将产品推向市场，就需要有合理的商业逻辑做保障，因此对于设计师来说，需要考虑的就不仅是外形、色彩、工艺和结构等因素了，还需要在设计之初思考市场、技术、设计、生产、营销、物流等所有的细节。

3.设计方案及设计思路

项目启动之初，团队就已经明确了产品的设计方向，那就是智能电动牙刷。这也是团队内多位资深设计策略成员经过对市场十多年的观察和分析得出的结果。

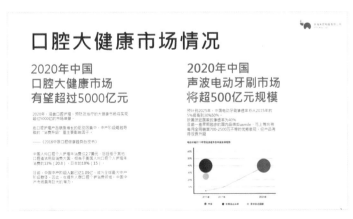

市场分析

对于创业团队来说，选择的方向至关重要，需要孤注一掷的决心和对前景有足够的信心。选择口腔健康领域，设计品牌名称、Logo及业务涉猎的范围，对于后续的产品设计来说有着重要的指导作用。设计虽然可以是多样化的，但是一款产品必须要有明确的设计思路。

品牌Logo设计

确定了儿童智能电动牙刷这个细分领域后，设计才正式开始。初期就需要有明确的产品设计方向，如产品是否可爱，是否太偏向女性化等。同时，也要对产品的结构提出具体要求，如尺寸限制和部件的布局等。根据以上分析绘制产品草图并通过建模的形式来进一步推敲产品的细节。

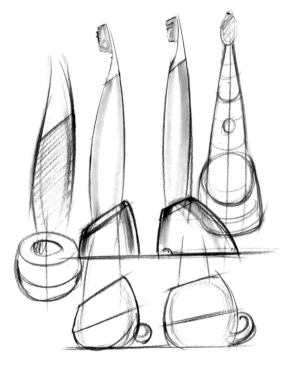

草图构思

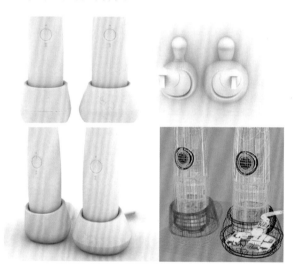

建模

对于局部细节来说，评判标准绝不是好看或者新颖，而是一种商业策略上的取舍问题。毕竟你不可能生产所有具有市场潜力的外形。

局部细节推演

当所有限制和方向都差不多考虑到位时，需要设计一个产品形态给各方评估。这个过程并不完全由设计师把控，需要借助各个部门成员反馈的信息和意见。其中，市场营销人员对于设计的要求在后期就凸显出来了。这样全盘考虑的设计往往能更好地与市场营销手段相结合，并能放大产品的特点，让消费者更有意愿接受。产品的最终效果如右图所示。

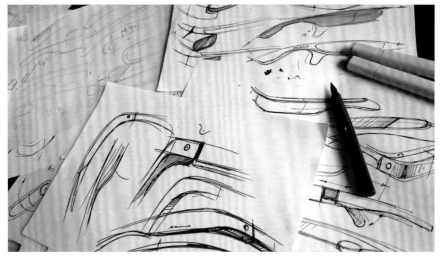

产品展示

4.最终成果

最终的成果是令人满意的，大犀获得的设计大奖就是很好的证明。不仅是设计团队，该产品的获奖也让市场、技术等相关团队成员的努力结果呈现了出来。

产品获得的奖项

9.9 混凝土"回"笔筒设计探索——万昆

1.设计师简历

万昆

几度灰品牌创始人，诺森文化负责人，曾荣获红点奖、红星奖、当代好设计奖等奖项。

设计寄语：用尽可能少的手法去干预设计，简单明了。

2.项目背景

这个设计项目源于对桌面收纳环境现状的思考。据调查，桌面环境会对人的心理造成很大影响，整洁的桌面使人思路清晰，工作效率也会提高。而大多数人的桌面上会有各种各样的辅助性工具，需要不同的收纳工具来归类整理，但其实收纳工具本身也会造成桌面凌乱。

在日常学习和办公的过程中，桌面收纳工具不仅要有收纳功能，如果还具备一定的装饰功能，就会使桌面环境更加优美，从而影响使用者的心情。

3.项目头脑风暴

该项目设计的是一款笔筒，先对设计的定位进行头脑风暴，提出与产品相关的人、事、物、行为等关键词，为后期确定产品多个维度的定位做充足的准备。

针对笔筒的使用功能进行头脑风暴，提出与产品功能属性相关的关键词。

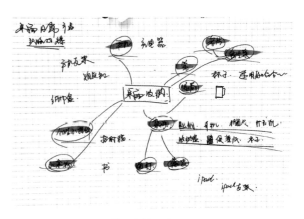

设计定位头脑风暴　　　　　　　　　　　　使用功能头脑风暴

根据产品的设计定位及使用功能的头脑风暴筛选出目标人群和产品设计的大致方向。

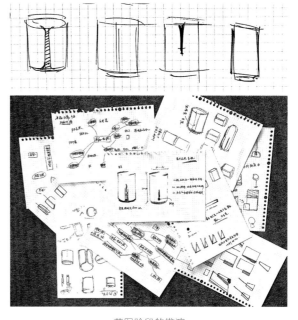

筛选出目标人群和产品设计方向

4.草图阶段的推演

当一个设计项目在前期经历了头脑风暴的扩散后，在草图阶段会有各种各种的结构、造型、细节、材质等相关的碎片化草图出现，这个过程有点类似"草图版"的头脑风暴，在这个过程中，要反复推敲，仔细掂酌，这也会是一个肯定、否定、再肯定的过程。确定好两到三个方向后继续深入，要对结构和材质有所考量，这样产品的基本雏形就能够建立起来了。对于我而言，我会在产品比例方面花费较多的时间。

草图阶段的推演

确定方案草图。设计过程中除了在草图上推敲外观造型外，还要思考产品的实际应用性，包括材料应用、结构测试、生产工艺的可行性、包装仓储和用户组装等问题。

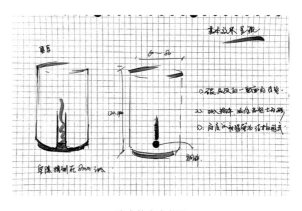

确定的方案草图

5.产品打样及生产

这是从概念到实物的推进过程，把之前在纸上、在模型中所设计的细节一一呈现出来。因为混凝土这类产品在工艺方面会有很多材料本身的局限性，所以必须在设计与生产之间找到平衡点，以避免为了实现设计上的某一个点而导致工艺难度陡增且影响成本，要综合考量材质、生产工艺、结构、最终效果等因素，做出最优选择。

产品打样及生产

6.作品展示

设计的这款"回"笔筒由置物盘和笔筒两部分组成，高低组合，集收纳、置物、展示于一体，以"缝隙"为构成元素，在打破原有形态的同时搭配黄铜构件，使得产品以点、线、面构成的形式呈现出来。触手可及的细腻感，温润恰当的色泽感，精致光亮的铜构件，呈现了一款有温度的清水混凝土设计作品。

以设计的力量推动混凝土产品的发展，在一定种程度上"取代"不可再生材料的产品，以低碳、环保的理念去打动所有喜爱清水混凝土产品的人。

作品展示

7.几度灰品牌其他设计作品展示

18℃菱——笔筒　　　　　　22℃仰望——摆钟　　　　　　2℃——纸巾收纳盒

10

第10章　工业产品设计手绘案例赏析

本章主要展示了笔者平时绘制的一些设计手绘推演线稿和用马克笔上色后的效果图，读者可在日常练习手绘时参考或临摹。

10.1 线稿与马克笔效果图对比赏析

线稿与马克笔效果图所呈现的效果不同，前者重在结构表达，后者侧重效果呈现。初学者需要先将结构表达清楚，再用马克笔在线稿上上色。

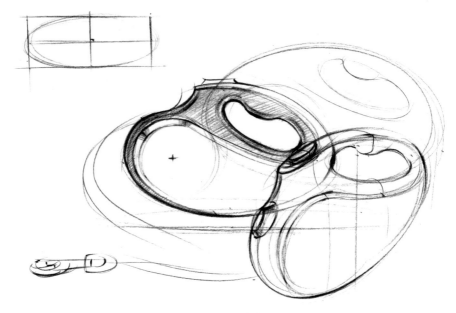

遛狗器线稿

遛狗器上色效果图

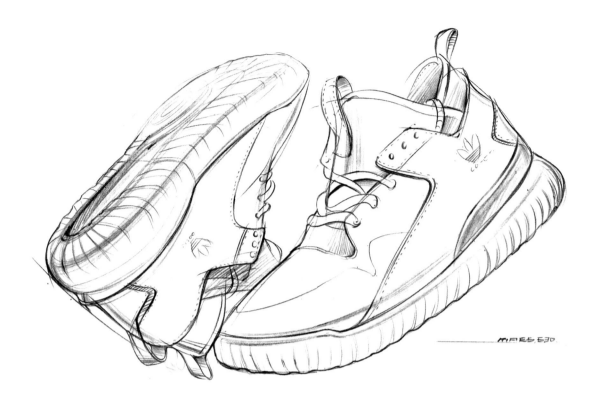

休闲鞋线稿

休闲鞋上色效果图

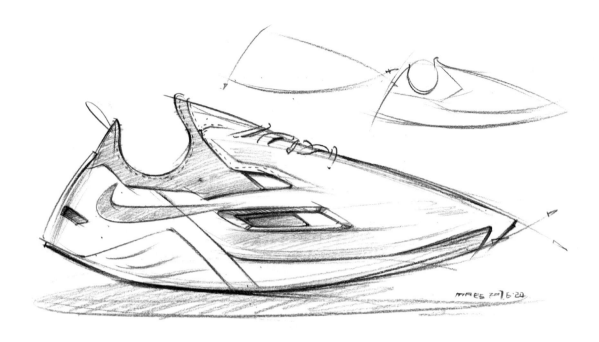

概念鞋线稿

概念鞋上色效果图

改装车线稿图

改装车上色效果图

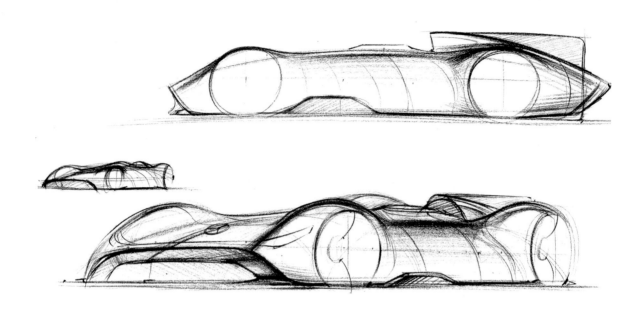

奔驰概念车线稿

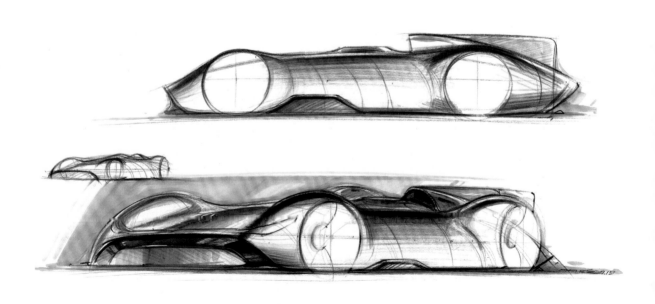

奔驰概念车上色效果图

10.2　交通工具设计草图赏析

本节主要展示交通工具的设计草图，学习者在拓展学习时可以参考。

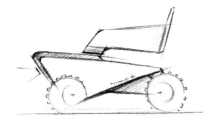
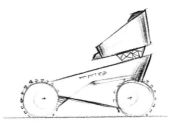

老年人代步车设计发散草图

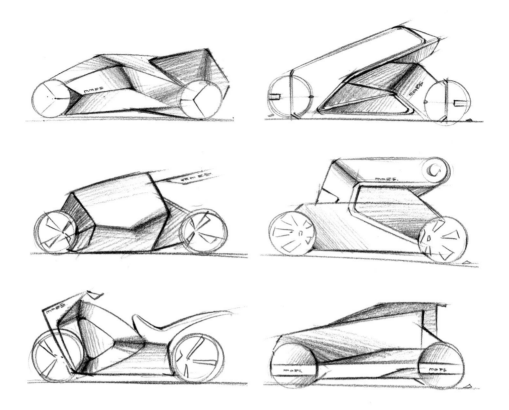

概念车设计发散草图

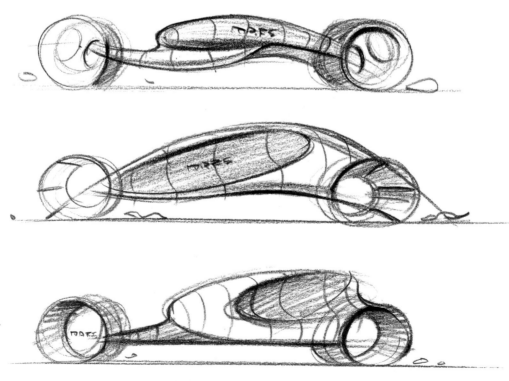

科幻概念车设计发散草图（一）

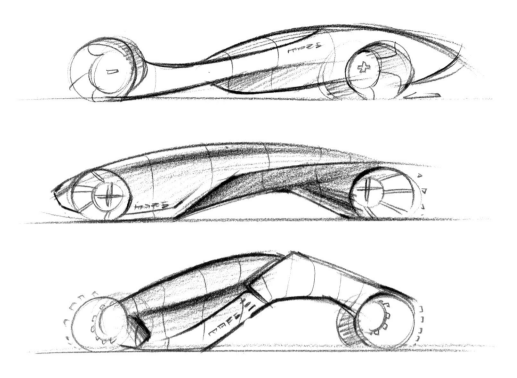

科幻概念车设计发散草图（二）

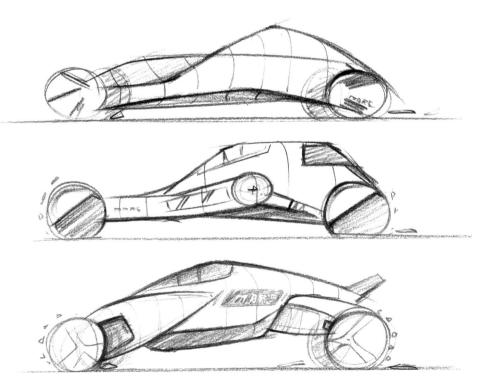

科幻概念车设计发散草图（三）

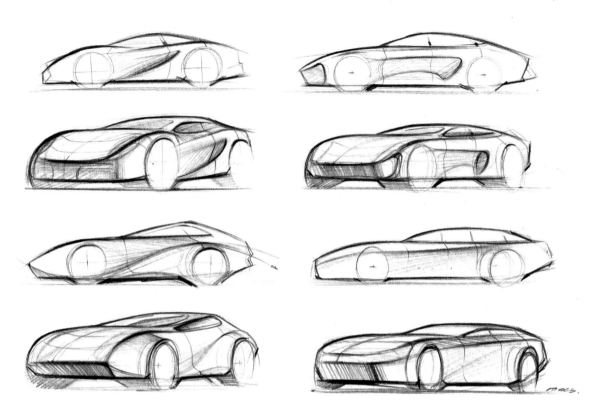

汽车体块发散草图

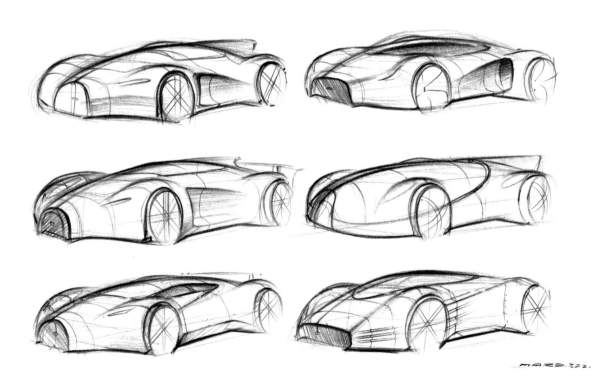

汽车形态发散草图

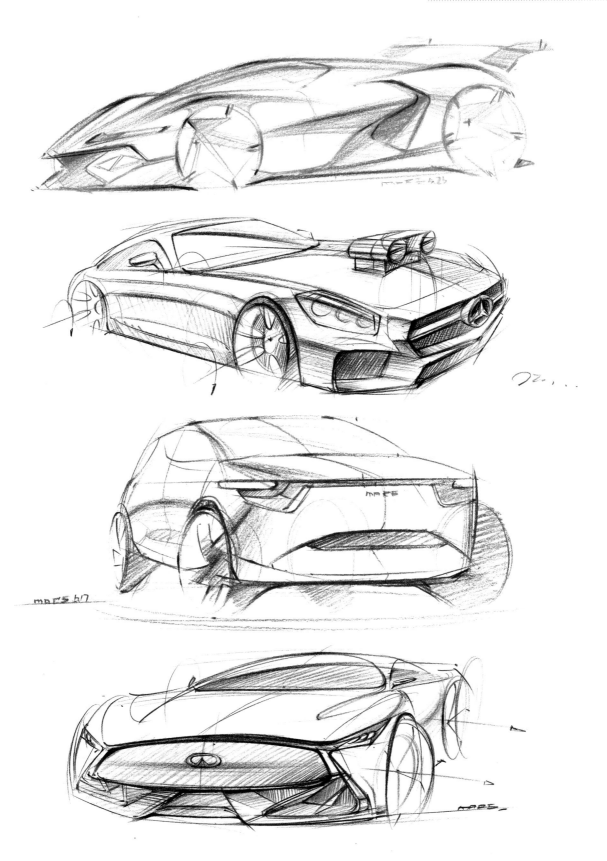

跑车与轿车设计草图

SUV（运动型多用途汽车）设计草图

后 记

感谢人民邮电出版社编辑的再次邀请，促使我编写了这本书。在编写本书的过程中，我将从事设计教学期间总结出的手绘学习方法与设计实战相结合，在书中详细讲解了手绘工具的使用，并将设计方法融入以实物为参照的手绘教学中，透彻剖析考研快题与实战设计手绘的不同之处。本书采用由浅入深、由易到难的方式进行讲解，可以让读者更深入地理解并掌握工业产品设计手绘的本质。

在这里，我要感谢上海五石工业设计有限公司创始人李铁彬、上海采邑科技有限公司联合创始人杜孟彦、深圳巫品牌耳机工作室创始人任峰、上海牛勿家居设计有限公司创始人贾文龙、杭州鼎典创造体设计有限公司设计总监及合伙人赵利冬、杭州涂鸦信息技术有限公司工业设计主管李文凯、深圳市蔚科工业设计有限公司设计总监陈深泉、珠海大犀科技有限公司产品总监顾熠琳、几度灰品牌创始人万昆等设计师朋友，谢谢他们参与编写了本书第9章的内容，以图文并茂的方式讲述了他们的设计方法和过程。希望可以帮助读者在学习本书所讲手绘技能的同时，拓展对设计行业的认知和了解。

设计过程是需要不断地自我提升与分享的。2017年，我从深圳来到上海，加入国内知名工业设计网络平台——普象网，负责设计教学管理，并与众多一线设计师一起开展设计教学活动，用一技之长为行业培养了众多设计人才。2021年年初，我又以一名设计师的身份重新回归设计行业，开启设计生涯的2.0阶段，用所学之长赋能所处之事。工作至今，我参与并主导了150多个设计项目，走访了近百所高校分享设计项目经验和手绘表现技法。在此期间，总结梳理了一些新的设计手绘学习方法，并将之编写在本书中。

最后，感谢阅读此书的读者，愿本书能为你的设计生涯助一份力，设计道路上同行共勉！

笔者线下授课、高校演讲活动掠影